AF369440

TRAITÉ

DE LA

SPHÉRE

AVEC L'EXPOSITION

DES DIFFÉRENS

SYSTÊMES ASTRONOMIQUES

DU MONDE.

Par *M.* ROBERT, *ancien Professeur de Philosophie au Collége de Chalon sur Saone.*

Avec figures. PRIX, 2 livres broché.

A PARIS,

Chez DESNOS Libraire, rue Saint Jacques.

M. DCC. LXXVII.

Avec approbation & permission du Roi.

TRAITÉ

DE

LA SPHERE

AVEC L'EXPOSITION

DES DIFFÉRENS SYSTEMES

ASTRONOMIQUES

DU MONDE.

L E spectacle le plus imposant de la nature est sans contredit celui du Ciel. Cette
voûte immense avec les feux qui y brillent, les Planetes emportées autour du
grand flambeau de l'univers avec des vitesses inégales ; les phases de la Lune , ses

éclipfes, celles du Soleil, la viciffitude des faifons, l'inégalité des jours & des nuits, l'apparition des Cometes, l'irrégularité apparente de leur marche; les phénomenes innombrables qui naiffent du concours, des grandeurs, des viteffes, des pofitions, des diftances des corps céleftes; ont puiffamment follicité les hommes de tous les pays & de tous les tems, à connoitre la ftructure de cette étonnante fabrique, les refforts qui la font mouvoir, la caufe des phénomenes multipliés qu'elle préfente aux yeux des hommes les uns émerveillés, le plus grand nombre contenu dans les bornes d'une indifférence ftupide.

Ptolomée qui vivoit au commencement de notre ere donna un fyftème contraire aux obfervations aftronomiques, aux loix de la mécanique, aux principes de la phyfique. Tycho-Brahé, noble danois, chercha vainement dans les derniers fiecles à réformer le fyftème de fon précurfeur : il ne fit que remplacer une erreur par une autre. Copernic dans la difpofition qu'il établit entre les différentes parties de l'univers, brife & détruit fans retour l'une & l'autre hypothèfe. Il annonça le double mouvement de la terre fur fon axe, & autour du foleil immobile au centre du monde. Il apprit aux hommes qu'il n'exiſ-toit aucun mouvement dans ces milliers d'étoiles ſuſpendues au firmament ; qui ſemblent circuler au-deſſus de nos têtes : il leur dit que le mouvement acceleré des planetes dans les directions, anéanti dans les ſtations, contre l'ordre des ſignes dans les retrogradations n'étoient que des preſ-tiges d'optique. L'Europe ſavante l'écouta & ne tarda pas à applaudir à la juſteſſe frappante de ce ſyſtème ; le ſeul raiſonna-ble, le ſeul admiſſible, le ſeul conforme aux obſervations aſtronomiques, & dont la Pruſſe s'honore ſi juſtement.

Les étoiles dont eſt parſemée la voute étherée ne ſont point en auſſi grand nom-bre qu'on ſeroit tenté de le croire. Les obſervateurs les plus attentifs n'en peu-vent gueres découvrir que onze cens ; tou-tefois à l'aide du téleſcope, on en compte juſqu'à trois mille. Toutes brillent de leur propre lumiere, à la reſerve de ſeize qui ſont des corps opaques qui ne ſe font voir que par une lumiere empruntée qu'ils nous réflechiſſent. Les premieres retiennent le nom d'étoiles, & ſe nomment encore étoi-les fixes : elles gardent conſtamment en-tr'elles les mêmes rapports de diſtance ; les autres ſe nomment planetes ou étoiles errantes de ce qu'elles changent perpétuellement leurs diftances réciproques. Elles s'approchent, s'éloignent, s'atteignent, fe joignent, fe dévancent. Elles font fufpendues à des hauteurs bien moins confidérables que les étoiles fixes, & brillent d'une lumiere moins vive, plus égale, plus tranquille. Ce font Mercure, Vénus, Mars, Jupiter, Saturne qui avec la Terre forment les fix planetes qu'on appelle primitives, & qu'on défigne avec les caractères fuivans ☿ ♀ ♂ ♃ ♄. Les planetes du fecond ordre font au nombre de dix, une qui appartient à la Terre, quatre qui font autour de Jupiter, cinq qui accompagnent Saturne. On les défigne fous le nom de planetes fécondaires, fatellites, ou lunes.

Les aftres ne font point difpofés au-deffus de nos têtes & autour de nous en forme de voute ; cette voute n'eft qu'une apparence. Tous les corps céleftes font libres, ifolés, indépendans les uns des autres, placés à des diftances irrégulieres, à des profondeurs inégales, & comme le feraient les arbres dans la profondeur d'une forêt. Leur grandeur & leur maffe étonnent, leur diftance eft à peine concevable, l'ordre qui règne dans les fcenes majeftueufes qu'ils préfentent, ne fut jamais interrompu ni alteré par la fucceffion

des siecles : tout dans ce magnifique ta-
bleau rappelle au sentiment d'une sagesse
& d'une puissance infinie qui présida à la
structure de cet univers & qui veille à
sa conservation.

Parmi les planetes, Jupiter & Saturne,
sont mille ou douze cens fois plus gros
que la terre. Le Soleil infiniment plus gros
que toutes les planetes ensemble surpasse
un million de fois en grosseur la masse terrestre, dont il est à plus de trente millions
de lieues. Saturne beaucoup plus élevé,
nous laisse à trois cens trente millions de
lieues. Quel abîme d'étendue ! mais qu'est-
ce que cet éloignement en comparaison de
celui des étoiles fixes dont la plus voisine, selon Mr. Huygens, est vingt sept
mille six cens quatre fois plus éloignée de
la terre, que la terre ne l'est du soleil !
Que seroit-ce si nous nous élevions à l'é-
toile de Syrius que Mr. Cassini assure être
quarante-trois mille sept cens fois plus loin
de nous que ne l'est le soleil, & qui sous
un diamétre de trente millions de lieues
au moins, d'une de ses extrèmités tou-
cheroit au soleil, de l'autre à la terre. Cette étoile n'est cependant ni la plus élevée
de toutes, ni la plus grande.

C'est cette distance prodigieuse qui nous
convainc que les étoiles fixes sont des feux,

de véritables soleils. Si elles étoient de la classe des corps opaques, si elles ne se faisoient voir que par une lumiere qu'elles nous renverroient après l'avoir reçue du soleil, combien cette lumiere seroit rare, foible, languissante lorsqu'elle seroit parvenue à de si énormes distances, si toutefois elle pouvoit y parvenir ! Mais que seroit-ce s'il falloit qu'elle fut renvoyée jusques à nous, verrions-nous les étoiles briller, scintiller, affecter nos regards de tant d'éclat & de vivacité.

La difficulté d'assigner un nom à chacune des étoiles fixes, les a fait diviser en différens groupes que l'on nomme constellations , & auxquels on a donné des noms arbitraires d'hommes, d'animaux, de choses inanimées. *Le Belier , la Balance , la Vierge , la grande-Ourse , le Serpent , la Lyre , le Cygne , Andromede , &c.* sont autant de noms par lesquels on désigne quelques-uns de ces assemblages d'étoiles au nombre de soixante.

De ces soixante constellations, douze se trouvent sur la route que le soleil semble parcourir en un an autour de la terre, vingt-une sont dans la partie septentrionale du ciel, & vingt-sept dans la partie méridionale. Toutes ensemble paroissent se mouvoir d'orient en occident en vingt-quatre heures autour de la terre. Les deux points dans le ciel autour defquelles paroit s'exécuter cette révolution, fe nomment les pôles du monde dont l'axe eft une ligne imaginée de l'un à l'autre paffant par les pôles & par le centre de la terre.

Des deux pôles un feul nous eft vifible. Les perfonnes les moins attentives connoiffent la conftellation de la grande-Ourfe qu'on appelle vulgairement le charriot : fi par les deux étoiles du carré de l'Ourfe, les plus éloignées de la queue, & du côté de fa convexité, on prolonge une ligne par la penfée, elle tombera fur l'étoile polaire qui eft à la queue de la petite Ourfe. C'eft le point du ciel autour duquel la partie vifible du firmament fait fes révolutions apparentes. Il fe nomme pôle arctique, boréal, ou feptentrional. Il eft élevé d'environ quarante-neuf degrés au-deffus de notre horifon : l'autre fitué dans la partie du ciel qui nous eft cachée fe nomme pôle antarctique, auftral, ou méridional.

Si l'on imagine une ligne circulaire qui circonfcrive l'univers, en maintenant tous fes points à égale diftance des deux pôles, ce fera l'équateur ou le cercle de l'équateur qui partage le ciel & la terre en deux parties égales , l'une feptentrionale, l'autre méridionale ; on le nomme encore ligne équinoctiale.

Une bande circulaire dont le centre eft le même que celui du monde, & qui coupant l'équateur en deux points diamètralement oppofés , s'en éloigne de vingt-trois degrés & demi dans la partie feptentrionale , & d'autant de degrés dans la partie méridionale, a reçu le nom de Zodiaque. Il a feize degrés de largeur, huit de chaque côté d'une ligne qui le divife fuivant fa longueur , & qu'on nomme l'écliptique. Douze conftellations, chacune de trente degrés, partagent la circonférence du Zodiaque. Le foleil femble en parcourir une chaque mois , toutes dans l'efpace d'une année. Ces douze ftations font dites les douze fignes du Zodiaque, dont fix exiftent en deçà de l'équateur & dans l'hémifphère feptentrional ; fix au-delà de l'équateur & dans l'hémifphère méridional : leurs noms font :

♈ ♉ ♊
Le Belier, le Taureau, les Gemeaux,

♋ ♌ ♍ ♎
l'Ecreville, le Lion, la Vierge, la Balance,

♏ ♐ ♑
le Scorpion, le Sagittaire, le Capricorne,

♒ ♓
le Verfeau, & les Poiffons.

Un cercle qui ayant même centre que la terre, atteindra à la voute célefte, tenant par tout fa circonférence à égale diftance de notre zénith, point qui dans le ciel répond perpendiculairement à notre tête : ce cercle donnera l'horifon qui divife la fphère naturelle ou le monde en deux hémifphères, l'un fupérieur & vifible, l'autre inférieur & invifible. Cet horifon fe nomme rationnel, exact ou mathématique. L'horifon fenfible ou vifuel eft le cercle à la circonférence duquel fe fait la jonction apparente du ciel avec la terre, lorfque placés fur un lieu élevé d'où rien ne borne notre vue, nous étendons nos regards autour de nous. L'horifon fenfible diffère de l'horifon rationnel d'un demi-diamètre de la terre.

Le méridien eft un cercle qui paffant par notre zénith, paffe encore par les pôles du monde qu'il divife en deux hémifphères, l'un oriental, l'autre occidental.

On a imaginé deux cercles diftans de part & d'autre de l'équateur de vingt-trois degrés & demi, & qui touchent l'écliptique à l'endroit de fon plus grand écartement de l'équateur ; ces deux cercles furent nommés tropiques ; l'un fut dit tropique du Cancer, l'autre tropique du Capricorne, parce qu'ils rencontrent l'écliptique, l'un au premier degré du signe du Cancer, l'autre au premier du Capricorne.

Deux petits cercles qui environnent les pôles à vingt-trois degrés & demi de distance, ont reçu le nom de cercles polaires, l'un arctique, l'autre antarctique.

Dans le système de Ptolomée, la terre occupe le centre de l'univers. Autour de la terre, le ciel avec tous les corps célestes est emporté d'orient en occident en vingt-quatre heures. Cette révolution donne le jour & la nuit. Indépendamment de ce mouvement commun avec toute la sphére, les sept planetes, les seules qu'il connut, au nombre desquelles il place le soleil & la lune, achevent dans le Zodiaque par un mouvement propre & retrograde, des révolutions particulieres autour de la terre, à des distances inégales, & en des tems inégaux. La Lune est la plus voisine. Au-dessus de la Lune circulent, Mercure, Vénus, le Soleil, Mars, Jupiter, enfin Saturne la plus élevée des planetes. *Fig.* 1. Par ce mouvement d'occident en orient, le Soleil employe un an à parcourir le Zodiaque, un mois à parcourir chaque signe, un jour environ à parcourir chaque degré. Est-il à l'équateur, au signe du Belier, à égale distance des deux pôles, montant des signes méridionaux aux feptentrionaux : c'eft le printems. Trois mois après, parvenu au tropique du Cancer, il enveloppe de fes révolutions l'hémifphère que nous habitons, & c'eft l'été pour nous. Redefcendu au figne de la Balance, & coupant l'équateur pour entrer dans les fignes méridionaux, nous aurons l'automne ; l'hiver enfin lorfque, par les fpires qu'il forme dans fes révolutions journalieres il fe fera porté au tropique du capricorne qui ceint l'hémifphère méridional oppofé à celui où nous nous trouvons.

Avant que l'invention des inftrumens d'aftronomie nous euffent mis à portée de reconnaitre l'état du Ciel, on a pu fe contenter de ce fyftème, affez conforme aux premieres apparences & à ce que nos fens nous témoignent : mais depuis qu'à l'aide des télefcopes, on a reconnu que Mercure & Vénus étoient quelquefois plus loin que le Soleil & par delà cet aftre ; depuis que l'on s'eft affuré que Vénus dans fon périgée, c'eft-à-dire dans le point de fa révolution le plus près de la terre, étoit plus voifine de nous que Mercure auffi dans fon périgée ; depuis que Mars a été apperçu environ cinq fois plus voifin de la terre dans fon périgée que dans fon apogée, le point de fa révo lution le plus éloigné ; depuis que l'on a fait entrer en confidération, la difparution de Vénus & Mercure pour tout le cours de la nuit, vifibles feulement au lever & au coucher du Soleil, Mercure même très difficilement, on fut convaincu qu'il exiftoit un ordre effectif dans la nature autre que celui que l'on avoit admis fur la parole de Ptolomée.

A ces découvertes, dues la plupart à ces derniers fiecles, on joignit le difparate du Soleil, corps fluide & lumineux, circulant avec des corps folides & opaques autour de la terre, tandis que la terre de même nature que les planetes eft immobile au centre : on confidera l'invraifemblance qu'il y avoit à ce que la terre qui eft un atome, je ne dis point relativement à l'univers, mais à un feul des corps céleftes, voye l'immenfe machine du monde, voye ces milliers d'aftres defquelles il s'en faudroit bien qu'elle put être apperçue ; tous mis en jeu pour fon ufage. L'orbite d'un corps qui circule égale fix fois le rayon de fa révolution ; le Soleil fera donc en vingt-quatre heures fix fois trente trois millions de lieues. Que fera-ce de la viteffe de Jupiter, & de celle de Saturne dont le rayon de la révolution eft de trois cens trente millions de lieues ? Que fera-ce de la rapidité des étoiles fixes, infiniment plus hautes que Saturne ? Quelle somme énorme & inconcevable de mouvement, que remplace la simple révolution de la terre sur son axe ! A admettre la révolution du ciel autour de la terre, il faudra qu'en vingt-quatre heures la plus voisine des étoiles fixes fasse vingt-sept mille six-cens quatre fois deux cens millions de lieues, soixante-trois millions de lieues dans une seconde, c'est environ 7000 fois la circonférence de la terre. Pour expliquer certaines apparences des planetes, leurs directions, stations, retrogradation, Ptolomée fut obligé de recourir à des épicicles, vrai subterfuge, par lequel il suppose que les planetes ne font point immédiatement leurs révolutions dans l'orbite qui embrasse la terre ; mais enchassées à la circonférence d'une moindre orbite, dont le centre est à la circonférence de la grande avec laquelle il est emporté avec l'orbite immédiate. Du tout il resulte une masse de preuves qui anéantit le système de Ptolomée, & montre combien on étoit loin de la vérité pendant tant de siecles que les hommes se font transmis son hypothèse, qui a disparu devant celle de Copernic, comme les ombres devant la lumiere.

SISTEME DE COPERNIC.

Dans ce syftème le foleil eft immobile au centre du monde. La terre, corps folide & opaque, eft rangée parmi les planetes de même nature qu'elle même. La lune n'eft qu'un fatellite de la terre, & il n'exifte que fix planetes qui font leurs révolutions autour du foleil dans l'ordre fuivant : Mercure, Venus, la Terre avec fon fatellite la Lune, Mars, Jupiter & Saturne. Autour de Jupiter circulent quatre fatellites ou lunes, & cinq autour de Saturne. Mercure emploie environ trois mois à faire fa révolution, Venus fept mois, la Terre un an, Mars deux ans, Jupiter douze ans, Saturne trente ans. Toutes ont leur marche dans le Zodiaque dont elles ne fortent jamais. La terre en y faifant fes révolutions annuelles fe maintient conftamment dans l'écliptique, les autres planetes s'en écartent plus ou moins, & les points de leurs orbites qui coupent l'écliptique fe nomment nœuds. *Fig.* 5.

En même tems que la terre avance dans le Zodiaque par fon mouvement annuel, elle tourne fur fon axe d'occident en orient en vingt-quatre heures ; c'eft ce mouvement diurne qui donne le jour &

la nuit, & en effet pour éclairer fucceffivement toutes les parties d'un globe, il
eſt parfaitement égal ou de promener un
flambeau autour du globe, & de porter
fucceffivement la lumiere ſur toutes ſes
parties ; ou de faire tourner le globe devant
le flambeau immobile, & de faire paſſer
fucceffivement toute ſa ſurface ſous la lumiere.

En quelque point de ſa révolution que
la Terre ſe trouve, le Soleil nous paroitra
au point oppoſé de l'univers. Quand elle
fera au ſigne de la Balance, le Soleil ſera
rapporté au ſigne du Belier : qu'elle paſſe
au ſigne du Scorpion, le Soleil dans le même tems paroitra s'avancer au ſigne du
Taureau, ainſi de ſuite. Tellement que
par le mouvement de la Terre, le Soleil
femblera s'être mû ſur toute la circonférence du zodiaque, & en avoir fucceffivement parcouru tous les ſignes.

Il employe environ ſept jours de plus à
parcourir les ſignes ſeptentrionaux que les
méridionaux. Cela vient de ce que la Terre ſe meut dans une orbite un peu ovale,
dont la partie méridionale eſt un peu plus
grande que la ſeptentrionale. Employant
donc plus de tems à décrire la partie auſ-
trale, il faut que le Soleil nous paroiſſe
demeurer plus longtems dans la boréale.

Sphère *

. Le centre du Soleil & de la Terre correspondant à l'écliptique, si l'axe de la Terre étoit perpendiculaire au plan de l'écliptique ; dans tout le cours de sa révolution annuelle, le Soleil répondroit constamment à l'équateur terrestre, son aspect seroit constamment le même pour tous les peuples de la Terre, il n'y auroit aucune vicissitude de saisons, ce seroit perpétuellement la même, & sans aucune alternative : mais la Terre incline son axe de vingt-trois degrés & demi au plan de l'écliptique, & conserve le parallelisme de son axe dans tous les points de sa révolution, par tout cet axe est parallele à lui même : de-là dérive la différence des saisons, le passage de l'hiver au printems, du printems à l'été, ainsi de suite. En effet la Terre existant au premier degré du Capricorne, supposons pour un instant qu'elle eut son axe parallele au plan de l'écliptique, le Soleil répondra perpendiculairement à l'équateur terrestre. Que cet axe s'incline d'un degré vers le signe de l'Ecrevisse, le Soleil répondra à un degré en deçà de l'équateur par rapport à nous : qu'il s'abaisse encore, à mesure qu'il s'inclinera, le Soleil répondra à des points de plus en plus distans de l'équateur ; & si l'axe de la terre s'incline de vingt-trois degrés

& demi le foleil répondra au tropique du Cancer, & par la révolution journaliere de la terre, il paroitra paffer perpendiculairement fur la tète de tous les habitans qui font fous ce cercle, alors c'eft l'hémifphère feptentrional qui eft préfent au foleil, nous habitons cet hémifphère, ce fera l'été pour nous.

Trois mois après la terre fera au premier degré du Belier, le foleil répondra à l'équateur terreftre, par la révolution de notre globe fur lui même, le foleil paffera verticalement fur les plages de la terre qui font la féparation des deux hémifphères, & nous aurons l'automne.

La terre parvenue au figne de l'Ecreviffe, en conféquence du parallelifme de fon axe, fouftrait au foleil le pôle feptentrional, & lui préfente le pôle méridional; au moyen de l'inclinaifon de vingt - trois degrés & demi, le foleil frappe au tropique du Capricorne qu'il femble décrire, & c'eft l'hiver pour nous qui habitons l'hémifphère oppofé à celui auquel le foleil répond perpendiculairement. Nous aurons le printems trois mois après, lorfque la terre arrivée au figne de la Balance, verra une nouvelle fois le foleil répondre à l'équateur. Mais de ce que la terre étant au Capricorne, le foleil eft vertical pour ceux

qui habitent fous le tropique du Cancer ,
& qu'il le devient trois mois après pour
ceux qui vivent fous l'équateur ; on voit
que dans l'intervalle que la terre employe
à parvenir du premier degré du Capricorne , au premier degré du Belier , le foleil
devient fucceffivement vertical pour toutes les parties de la terre qui font compri-
fes entre le tropique du Cancer & l'équateur. Il faut raifonner de même pour toutes celles qui s'étendent de l'équateur au
tropique du Capricorne , & ainfi de fuite
jufqu'au retour apparent du foleil au tropique du Cancer.

Il eft à remarquer que la terre s'approchant & s'éloignant alternativement du
foleil , dans fa courfe annuelle , c'eft lorfqu'elle en eft la plus éloignée que nous
avons l'été , c'eft lorfqu'elle en eft la plus
voifine que nous avons l'hiver , effet qui
dérive de la différente maniere dont nous
recevons les rayons de cet aftre , dans l'u-
ne & l'autre pofition. Lorfqu'il eft plus
voifin de nous , ce qui arrive vers le tropique du Capricorne , il s'éleve très peu
fur notre horifon , fes rayons nous viennent très obliquement , la forte refraction
qui en eft la fuite , en éloigne une grande
partie qui font perdus pour nous , le refte
ayant plus de trajet à faire dans l'atmof-

phère nous parvient fort affoibli : nous nous appercevons de leur rareté par les froids, les glaces, les rigueurs de l'hiver.

Le foleil eft-il plus éloigné de nous, vers le figne de l'Ecreviffe, il fe trouve très élevé fur notre horifon, & rapproché de notre zénith : fes rayons fe dirigent alors plus perpendiculairement fur notre atmofphère, la refraction qu'ils éprouvent eft moins grande, il y en a moins de per-dus, ils ont d'ailleurs moins de trajet à faire dans la couche d'air groffier qui enveloppe la terre : leur abondance, leur activité fe manifefte par la chaleur, les ardeurs & l'embrafement de l'air. (*)

Les deux points où le foleil atteint les tropiques, font appellés folftices, du latin *fol ftat*, parce qu'en effet lorfque le foleil y eft parvenu, il ceffe de s'éloigner de l'équateur, pour commencer à s'en approcher. L'un fe nomme folftice d'été, le fo-

(*) Les apparences du Ciel, comme nous l'avons obfervé, étant néceffairement les mêmes pour nous, foit que le foleil tourne en vingt-quatre heures autour de la terre, foit que dans le même efpace de tems la terre faffe une révolution fur elle-même, pour fimplifier les idées & les expreffions, on eft convenu de s'énoncer comme fi les mouvemens que nous appercevons dans le ciel étoient quelque chofe de réel & d'effectif. On dit que le foleil, qu'une étoile monte fur notre horifon, paffe par notre méridien, circule autour de nous, fe plonge fous l'horifon.

leil y eſt au 21 de Juin ; l'autre ſolſtice d'hiver, le ſoleil y parvient le 21 de Décembre.

La différente poſition des peuples ſur le globe de la terre, occaſionne des différences conſidérables dans l'aſpect du ciel. De là dérive l'égalité du jour & de la nuit pendant toute l'année pour certains peuples, l'inégalité des jours & des nuits pour d'autres, pour d'autres enfin un jour de ſix mois & une nuit d'autant qui partagent leur année.

Ceux qui ſont ſitué ſous l'équateur ont conſtamment un jour de douze heures, & une nuit d'autant, car leur horiſon ſe terminant aux deux pôles, coupe les révolutions diurnes du ſoleil en deux parties égales, dont une moitié deſſus, l'autre deſſous le même horiſon. Il eſt donc de néceſſité que le jour ſoit égal à la nuit. Il l'eſt pendant toute l'année, parce que ſoit que le ſoleil exiſte à l'équateur, ſoit aux tropiques, ou dans les eſpaces intermédiaires, ſes révolutions qu'on regarde toutes comme paralleles à l'équateur, mais qui ſont en ſpirale, ſont toujours coupées également par l'horiſon. Ces peuples ſont dits avoir la ſphère droite, parce que les révolutions journalieres du ſoleil ſont coupées à angles droits par leur horifon. Ils voyent tout le ciel paſſer en revue devant eux. Ils voyent ſucceſſivement toutes les étoiles. Car le ſoleil par ſon mouvement annuel , changeant chaque jour ſa place dans le Ciel , les étoiles qui , à midi , paſſent avec lui par notre méridien en été , y paſſent en hiver à minuit , & réciproquement. J'ai dit que le ſoleil ſe portoit d'un tropique à l'autre par des révolutions ſpirales , & cela vient de ce qu'il change continuellement ſa diſtance à l'équateur. Mais cet écartement étant inſenſible pour chaque jour , on regarde ſes arcs diurnes comme paralleles à l'équateur. *Fig.* 4.

Les peuples qui ſont entre l'équateur & les pôles , à la réſerve du 20 Mars & du 23 Septembre , ont les jours inégaux aux nuits durant toute l'année. Leurs jours ſont grands en été , courts en hiver , ils croiſſent & décroiſſent ſans ceſſe. Repréſentons-nous leur horiſon , & nous y verrons la cauſe ſenſible de ces viciſſitudes. Il baiſſe ſous un des pôles , monte ſur l'autre : car ce cercle n'embraſſe jamais que 180 degrés ou une moitié du monde. Qu'un homme s'avance donc d'un degré de l'équateur vers l'un des pôles , ſon horiſon baiſſera d'un degré ſous le pôle vers lequel il s'avance , & s'élevera d'autant fur le pôle oppofé. Qu'il s'avance de vingt, de trente degrés; fon horifon s'abaiffera de vingt, de trente degrés d'une part, & s'élevera de pareille quantité de l'autre. Cela pofé voila les révolutions diurnes du foleil coupées en deux parties inégales par l'horifon, les jours par conféquent inégaux aux nuits. Les jours prévalent en longueur fur les nuits, lorfque le foleil exifte dans l'hémifphère ou, de fa révolution, la plus forte partie eft deffus l'horirifon. Les nuits font plus longues que les jours, lorfqu'il eft rapporté dans l'hémifphère ou, de fa révolution, la plus forte partie eft deffous l'horifon. Si pour un lieu comme Paris, l'inclinaifon de l'horifon eft telle qu'au folftice d'été, l'arc fupérieur du foleil foit à l'arc inférieur dans le rapport de 2 à 1, le grand jour fera de feize heures, & la nuit de huit heures. Réciproquement au folftice d'hiver, fi l'arc fupérieur eft à l'arc inférieur comme 1 à 2, le 22 Décembre le jour fera de huit heures & la nuit de feize heures.

Il faut excepter de cette inégalité les révolutions que fait le foleil le 20 Mars, & le 23 Septembre, tems auquel les jours font égaux aux nuits par toute la terre : car à ces deux jours qui font les deux équinoxes, le foleil décrivant l'équateur,

& ce cercle étant coupé en deux parties égales par l'horifon de tous les peuples de la terre, il eft de néceffité que le jour foit pour tous égal à la nuit.

Les peuples dont nous venons de parler, & qui font fitués entre l'équateur & les pôles, font dits avoir la fphére oblique, parce que les révolutions diurnes de l'aftre du jour font coupées obliquement par leur horifon. Il eft une partie du Ciel qu'ils voyent toujours, dont les aftres circulent au-deffus de leur horifon; une autre qu'ils ne voyent jamais, dont les étoiles font leurs révolutions au - deffous de leur horifon fans jamais s'élever au-deffus; une troifieme où les aftres fe lèvent & fe couchent. C'eft ainfi que les étoiles qui circulent autour du pôle arctique jufqu'à quarante-neuf degrés de diftance font leurs révolutions entieres fans fe plonger fous notre horifon; que celles qui avoifinent à pareilles diftance le pôle antarctique ne nous font jamais vifibles par la raifon oppofée; & que celles qui font intermédiaires montent & defcendent fous notre horifon, & nous font fucceffivement vifibles.

Vers l'un & l'autre folftice les jours reftent environ les deux tiers d'un mois fans croitre ni décroitre d'une maniere fenfible, & le soleil fait ses révolutions sans changer les points de son lever & de son coucher. Cela vient de ce que la partie de l'écliptique que parcourt le soleil du 10 Juin au 1 Juillet, du 10 Décembre au 1 Janvier est comme parallele à l'équateur, ou pour parler avec Copernic, la terre présente au soleil, dans tout cet intervalle, des points de sa surface qui sont sensiblement à la même distance de l'équateur.

L'inégalité des jours & des nuits n'est point la même pour tous ceux qui ont la sphére oblique. L'inégalité est plus grande à mesure que l'on s'avance vers le cercle polaire, parce que l'horison baissant de plus en plus sous le pôle, découvre une plus grande partie du tropique du Cancer, jusqu'à ce qu'enfin il le découvre tout entier si l'on s'avance jusques sous le cercle polaire où pour cette raison le grand jour est de vingt-quatre heures. *Fig*. 2.

Les peuples qui sont sous les pôles, s'il y en a, n'ont dans l'année qu'un seul jour & qu'une seule nuit, chacun de six mois : car leur horison se confondant avec l'équateur, & le soleil étant six mois en deçà, six mois au-delà de ce cercle, il est de nécessité qu'il soit six mois au-dessus de leur horison, six mois au-dessous, qu'ils le voyent six mois de suite, pour le perdre pendant

pendant un pareil espace de tems. Dans l'intervalle des trois mois qu'il employera à venir de l'équateur au tropique du cancer, & des trois autres mois pour retourner du tropique du cancer à l'équateur, toutes les révolutions se feront sur l'horison des peuples du pôle boréal, comme elles se feront toutes au dessous durant tout le tems que le soleil employera à parcourir les signes méridionaux dans la moitié opposée du zodiaque.

Ceux qui sont sous les pôles sont dits avoir la sphère parallele, parce que toutes les révolutions du soleil sont paralleles à leur horison. Ces peuples ne voyent qu'une moitié du ciel, & toujours la même, parce que l'une circule constamment au dessus, l'autre constamment au dessous de leur horison. Les étoiles ne se levent & ne se couchent jamais pour eux. Près de deux mois avant que le soleil ne soit parvenu au bord de leur horison, ils commencent à jouir du bienfait de la lumiere, & ils en jouissent deux mois après qu'il a commencé à repasser au dessous : c'est environ quatre mois d'aurore & de crépuscule qui joints aux six mois de plein jour, ne laissent que deux mois de nuit, pendant lesquels la lune faisant deux fois le tour du zodiaque, est deux demi-mois ou un mois sur leur horison.

<table>
<tr><td>Sphère. *</td><td>B</td></tr>
</table>

Reste pour ces peuples un seul mois de nuit sombre & fermée. *Fig.* 3.

De quatre en quatre ans nous avons une année bissextile. Cela vient de ce que le soleil employant 365 jours 6 heures à faire sa révolution dans le zodiaque, lorsqu'on compte une année au bout de 365 jours, elle n'est point encore révolue, on la compte de six heures trop tôt. Il se trouve un défaut de douze heures à la fin de la deuxieme année, de dix-huit heures à la fin de la troisieme, & à la fin de la quatrieme, il s'en faut vingt-quatre heures ou un jour entier qu'elle ne soit réellement révolue. Le soleil a besoin de cet espace de tems pour achever sa quatrieme révolution dans le zodiaque, & pour cela chaque quatrieme année est augmentée d'un jour intercalaire, & est composée de trois cens soixante six jours. Attendu cependant que le soleil au lieu d'employer exactement 365 jours six heures à parcourir le zodiaque, employe six minutes de moins, le parcourant en trois cens soixante cinq jours six heures moins onze minutes, ces onze minutes de retard, à compter sur chaque année, produiroient une erreur de trois jours dans l'espace de quatre cens ans : de là vient que de 400 ans en 400 ans, on retranche trois bissextiles, & tandis que la derniere année de chaque fiecle devroit être biffextile, elle ne l'eft que de 400 en 400 ans.

On appelle phafes de la lune les diverfes apparences de la lune par lefquelles nous la voyons tantôt fous la forme d'un croiffant, tantôt à demi pleine, d'autrefois éclairée fur la totalité de fon difque, d'autres fois enfin privée de fa lumiere : apparences que l'on défigne fous le nom de croiffant, premier, & dernier quartier, pleine lune & nouvelle lune.

La lune eft un corps opaque : la lumiere dont elle nous éclaire, elle la tient du foleil, & elle ne fait que nous la réflechir. Eclairée par cet aftre, elle ne l'eft jamais que fur une de fes moitiés. Lorfque par fon mouvement autour de la terre, elle paffe entre cette planete & le foleil, toute fa partie éclairée eft tournée du côté du foleil, toute fa partie fombre eft tournée du côté de la terre, fa lumiere nous femble éteinte, la lune alors eft dite nouvelle.

Sa marche fe fait dans le zodiaque, tandis que le foleil le parcourt en un an, la lune le parcourt en vingt-fept jours huit heures : chaque jour elle s'avance de treize degrés, tandis que le foleil n'en parcourt qu'un. Cette différence de viteffe la fouftrait de deffous le foleil du côté de l'orient :

alors une lisiere de la partie éclairée commence à se tourner du côté de la terre c'est le croissant. Sept jours après sa conjonction ou son passage sous le soleil, elle le précéde de 90 degrés dans le zodiaque; alors de l'hémisphère éclairé une moitié est tournée vers la terre. Des deux hémisphères de la lune, l'un éclairé, l'autre sombre, la terre voit la moitié de chacun : c'est le premier quartier. Encore quelques jours, & cette planete différant du soleil de près d'une moitié du ciel, le disque éclairé se présentera presque en entier à la terre, & nous la verrons approcher de son plein, nous la verrons presque ronde. Elle ne le sera pas entierement, parce qu'il entre encore une petite portion de la partie sombre dans le disque qui nous est présenté.

Environ quinze jours après sa conjonction, elle est en opposition avec le soleil, c'est-à-dire, dans la partie du ciel opposée à celle où il se trouve ; toute sa partie éclairée est tournée vers la terre, elle brille sur tout le disque qui nous est présenté : c'est la pleine lune. Deux ou trois jours après une petite portion de la partie éclairée se tourne vers le soleil, une portion égale de la partie sombre en prend la place au bord oppofé ; la lune femble perdre de fa rondeur.

Vingt-deux jours après fa conjonction elle a parcouru les trois quarts du zodiaque, elle ne différe plus du foleil que d'une quatrieme partie du ciel : de l'hémifphère éclairé, nous ne voyons plus que la moitié : l'ombre & la lumiere partagent également l'hémifphère qui nous eft préfenté ; c'eft le dernier quartier. Quelques jours après, nous ne la verrons plus que fous la forme d'un croiffant, parce que la lune prète d'atteindre le foleil, & de repaffer fous cet aftre, ne tourne plus vers nous qu'une lifiere de fa partie lumineufe. Mais tandis qu'après la nouvelle lune, le croiffant étoit tourné du côté de l'orient, dans la vieille lune, il eft jeté du côté de l'occident. Cette différence vient de la direction de la lune d'occident en orient. Croit-elle ? elle eft entre le foleil & le levant : décroit-elle ? elle eft entre le foleil & le couchant. Dans cette différente pofition, il faut que les cornes du croiffant foient dirigées vers les points oppofés du ciel.

Vingt-fept jours huit heures après fa conjonction avec le foleil, elle a achevé le zodiaque : elle eft revenue au point d'où elle étoit partie ; mais il n'y a pas encore nouvelle lune, parce que dans l'intervalle que la lune a employé à parcourir le zodiaque, le soleil a avancé lui-même de vingt-sept degrés dans ce cercle, il est de vingt-sept degrés plus oriental qu'il n'étoit. La lune qui fait en un mois le trajet que le soleil fait en un an, a encore besoin d'un peu plus de deux jours pour l'atteindre & se trouver de nouveau en conjonction avec cet astre. Là-dessus est fondée la distinction du mois périodique & du mois synodique de la lune. On appelle mois périodique de la lune, le tems qu'elle employe à revenir au même point du ciel d'où elle est partie, & mois synodique, l'intervalle qui s'écoule d'une nouvelle lune à une autre, & qui est de vingt-neuf jours & demi. Pour éviter la fraction, on a fait ces mois alternativement de 29 & de 30 jours. *Fig.* 6.

Lorsque la lune est nouvelle, quoique le disque lumineux soit tourné vers le soleil, nous voyons cependant encore le globe de la lune, mais c'est par la lumiere de la terre qui s'en est refléchie, qui l'éclaire foiblement, & qu'elle nous renvoye encore plus appauvrie.

Chaque jour la lune retarde d'environ trois quarts d'heure le tems de son lever. Sa progression dans le zodiaque de treize degrés par jour du côté de l'orient est la cauſe de ce retard. Elle ſe leve & ſe couche avec tout le ciel par le fait du mouvement de la terre ſur ſon axe.

L'hémiſphère de la lune qui ſe préſente à nous eſt déterminé dans la figure par la ligne circulaire qui repréſente l'orbite de cette planete. Cette même ligne circulaire, ſépare dans l'hémiſphère illuminé la partie qui nous eſt viſible de celle qui ne l'eſt pas. Ainſi la lune étant en B, de la partie éclairée nous ne verrons que C D. La figure ne repréſente qu'une des moitiés de la portion que nous voyons, l'une étant effacée par l'autre, elle la repréſente d'ailleurs ſans ſaillies. C'eſt pour cela qu'elle n'offre qu'un triangle, qui, vu de face, déployeroit un croiſſant tel qu'il eſt tracé en F. Il faut ſe figurer de même le relief & les parties qui ſont effacées par une vue laterale dans la repréſentation des autres phaſes.

Les apparences de Mercure & de Vénus, inexplicables dans le ſyſtéme de Ptolomée, confirment au contraire celui de Copernic. Ces planetes ſont vues quelquefois en deçà, quelquefois par delà le ſoleil : leur orbite n'eſt donc point renfermée dans celle du ſoleil ! La diſpoſition des choſes eſt donc autre que ne l'a annoncé l'aſtronome d'Alexandrie. Placés avec Co pernic le foleil au centre du monde, pour être celui des révolutions des planetes ? le problème s'éclaircira : on reconnoitra que Vénus & Mercure achevant leurs révolutions plus promptement que la terre, doivent tantôt être conjointes, c'eft-à-dire interpofées entre le foleil & la terre, tantôt en oppofition avec la terre, c'eft-à-dire placées de maniere que le foleil foit entre elles & la terre. Or en cette pofition Mercure & Vénus feront au-delà du foleil, & plus loin de nous que cet aftre.

Ptolomée annonce que l'orbe de Mercure eft renfermé dans celui de Vénus. Mais s'il en eft ainfi, pourquoi Vénus périgée, eft-elle plus près de nous que Mercure auffi périgée ! La chofe eft impoffible dans l'hypothèfe de la révolution de ces planetes autour de la terre. Faites les circuler autour du foleil ? & tout s'applanira. Vénus circulant à une plus grande diftance du foleil que Mercure, il fera de néceffité que Vénus dans fa conjonction avec le foleil, tems auquel elle eft dans fon périgée, foit plus voifine de nous que Mercure auffi conjoint, c'eft à dire interpofé entre la terre & le foleil lorfqu'il eft auffi périgée.

Pourquoi voit-on fi difficilement Mercure? Pourquoi Vénus ne nous apparoitelle que le matin avant le lever du foleil, le foir avant fon coucher ? Pourquoi l'un & l'autre ne fe voyent-ils jamais de nuit. Si avec des viteffes plus grandes que celles du foleil, ces planetes circulent autour de nous, lorfqu'elles feroient en oppofition avec le foleil, il feroit de néceffité que nous les viffions durant la nuit, ce qui n'arrive jamais. Autre phénomène qui détruit l'ancien fyftème, & montre de plus en plus la vérité du nouveau. En effet fi Mercure & Vénus embraffent le foleil de leurs révolutions, & qu'ils le ceignent de fort près nous ne les verrons point de jour, à caufe de la clarté que répand le foleil : nous ne les verrons point de nuit, puifque accompagnant le foleil, elles font avec lui fous notre horifon. Nous ne les verrons que dans l'inftant où précedant le foleil , notre horifon les découvre le matin, avant que l'éclat du foleil ne faffe difparoitre tous les feux du firmament; & le foir , lorfque fuivant le foleil, notre horifon s'éleve au-deffus de cet aftre, tandis qu'il n'a point encore mis au - deffous de lui Mercure & Vénus qui par le mouvement diurne de la terre ne tarderont pas à difparoitre à leur tour. Mercure s'apperçoit très difficilement parce qu'il eft prefque toujours plongé dans les rayons folaires à caufe de fa proximité. Vénus avant le lever

Sphère. *

du soleil se nomme *l'étoile du matin* ; le soir avant son coucher elle se nomme *l'étoile du berger*.

Mars dans son périgée est environ cinq fois plus voisin de nous que dans son apogée. Cela doit être ; car dans son apogée, tems de sa conjonction, il est vu par delà le soleil, au delà des orbites des planetes inférieures, & de celle de la terre ; & dans son périgée, tems de son opposition, il n'est plus distant de la terre que de la quantité dont son orbite s'élève au dessus de celle de la terre.

Mercure & Vénus nous paroissent plus grands dans leur apogée que dans leur périgée. C'est qu'elles ont des phases ainsi que la lune. Ces planetes sont-elles dans leur conjonction supérieure, ce qui arrive dans leur apogée ? Leur hémisphère est tourné tout entier du côté de la terre, elles brillent sur tout le disque qui nous est visible. Se rapprochent - elles de leur conjonction inférieure qui arrive lors de leur périgée & de leur passage entre la terre & le soleil ? Alors la partie éclairée continuant à se soustraire de plus en plus à nos regards pour se présenter au soleil, il est de nécessité que nous les voyions sous un moindre volume. *Fig.* 8.

C'est la raison pour laquelle Mars nous

paroit quelquefois perdre de ſa rondeur.
Car lorſqu'il approche de ſon oppoſition
avec le ſoleil , & lorſqu'il en eſt ſorti ,
une portion de ſa partie ſombre ſe préſente à la terre , & échancre à nos yeux la
partie lumineuſe. Les autres planetes ſupé-
rieures , Jupiter & Saturne ne fouffrent
point de phaſes, parce qu'à tous les points
de leurs révolutions , leur diſque éclairé
nous eſt viſible.

Mercure qui employe environ trois mois
à faire ſa révolution , nous paroit en employer quatre , & cela doit être : car dans
l'eſpace de tems qu'il employe à revenir
au point du ciel d'où il eſt parti , la terre
parcourt la quatrieme partie du zodiaque ,
encore un mois & elle en aura parcouru
le tiers. Mais dans ce quatrieme mois ,
Mercure qui aura commencé une ſecon-
de révolution , en aura fait le tiers , puiſ-
qu'il en fait la totalité en trois mois : il ſe
trouvera donc de nouveau dans ſa conjonction à la fin du quatrieme mois. *Fig.*

Les irrégularités des planetes qui ſont
vues , tantôt accelerer leur viteſſe dans le
zodiaque, tantôt ſe fixer pendant un cer-
tain tems vis-à-vis le même point du ciel,
tantôt enfin ſe porter contre l'ordre des
ſignes par un mouvement retrograde , &
d'orient en occident. Ces irrégularités ,

dis-je, n'ont rien de réel, ce font de fimples apparences qui naiffent de la différence des viteffes & des diftances à l'aftre central. Si la terre étoit immobile au centre de l'univers, ces phénomènes difparoîtroient : les planetes feroient vues aller comme elles vont réellement, d'occident en orient, conftamment & fans interruption. La *figure* 7. rendra fenfible la caufe des directions, ftations, & retrogradations des planetes. Soit la terre au point D de fa révolution, Mars au point H de la fienne ; il fera rapporté au point O du ciel étoilé. Du point D la terre viendra au point C, & Mars au point I, il fera rapporté au point R & il aura été vu fe mouvoir fuivant l'ordre des fignes : il fera appellé *direct*. De C la terre viendra en B, & Mars en S. Dans tout cet intervalle il fera rapporté au même point R du ciel, & fera vû *ftationnaire*. De B la terre fera tranfportée en G, & Mars en L, il fera vû en P, & paroîtra s'être mû contre l'ordre des fignes, d'orient en occident : il fera dit retrograde. Lorfque la terre fera en F; Mars fera en M, & correfpondra au même point du ciel qu'auparavant, il fera une nouvelle fois ftationnaire, pour redevenir enfuite direct. Lorfque la terre de F paffant en E, Mars en N, cette planete

:aura paru fe porter de P en X. Ses directions & accelérations arrivent par le double progrès dans l'ordre des fignes, tant du rayon vifuel de l'obfervateur que de la planete, ce qui a lieu après l'oppofition. Ses retrogradations font l'effet de la retrogradation du rayon vifuel qui marque au ciel étoilé la place de la planete dans un lieu moins avancé dans l'ordre des fignes qu'elle ne l'eft réellement. Ce qui a lieu après la conjonction, tems auquel on voyoit la planete en fon vrai lieu. Ses ftations arrivent par la retrogradation du rayon vifuel du fpectateur compenfée par le mouvement en avant de la planete : ce qui aura lieu aux approches de la conjonction.

Ptolomée en plaçant la terre au centre du monde, étoit bien éloigné de pouvoir expliquer ces irrégularités apparentes des planetes. Auffi comment fe tiroit-il d'affaire ? Il fuppofoit que les planetes étoient attachées à la circonférence de petits cercles qu'il nommoit épicicles, dont le centre étoit à la circonférence d'un plus grand qui étoit l'orbite de la planete. *Fig.* 18. Lors, difoit-il, qu'elle paffe du point A par le point B, au point C de fon épicicle, elle s'avance fuivant l'ordre des fignes, & elle eft directe ; du point C au point D, elle paroit répondre au même point du ciel, & elle est stationnaire; de D en F, elle est retrograde, & une nouvelle fois stationnaire de F en A.

Si la lune dans sa révolution n'abandonnoit point l'écliptique, à chaque pleine lune il y auroit interposition de la terre entre le soleil & la lune, à chaque fois la lune traverseroit l'ombre terrestre, & il y auroit éclipse de lune. Mais l'orbe de la lune coupe l'écliptique en deux points, l'un par lequel elle monte dans la partie septentrionale, l'autre par lequel elle descend dans la partie opposée. Elle s'éloigne de cinq degrés de part & d'autre de l'écliptique. En conséquence de cette digression, si lors de son opposition avec le soleil, elle se trouve loin de ses nœuds, elle ne fera que passer à côté de l'ombre terrestre, sans y entrer. La terre ne fera pas exactement interposée entre le soleil & la lune, elle n'interceptera point la lumiere du soleil, elle ne l'empêchera point de parvenir à la lune, & c'est ainsi que la chose arrive le plus souvent. Mais si lors de l'opposition, la lune est dans ses nœuds, ou voisine de ses nœuds, il y aura éclipse de lune, partielle si elle n'entre qu'en partie dans l'ombre terrestre, totale si elle s'y plonge toute entiere, totale & centrale si en s'y plon-

geant tout entiere, son centre en outre,
répond au centre de l'ombre terrestre, ce
qui arrive lorsqu'elle est dans l'un de ses
nœuds. Est-elle dans son périgée, la du-
rée de l'éclipse sera plus considérable, parce qu'elle traversera l'ombre terrestre dans
un endroit où elle a plus d'épaisseur. Voyés
les *Fig.* 14. ou la ligne E C représente
une portion de l'écliptique, la ligne O R
une partie de l'orbite de la lune, les taches noires & circulaires l'ombre terrestre,
& ou le disque de la lune, dans le tems de
l'opposition, est à différentes distances de
ses nœuds. *Voyez encore la Fig.* 10.

De même que lors des pleines lunes,
l'interposition de la terre occasionne les
éclipses de lune, dans les nouvelles lunes
l'interposition de la lune entre le soleil &
la terre, occasionne les éclipses de soleil : &
il y en aurait à chaque nouvelle lune, si
ainsi que le soleil & la terre, la lune répon-
doit constamment à l'écliptique, mais elle
s'en écarte, comme nous l'avons dit, de
cinq degrés. Si lors de la conjonction,
elle a beaucoup de latitude, c'est-à-dire,
de distance à l'écliptique, la nouvelle lune
se passe sans éclipse, parce que cet écartement permet aux rayons solaires de parvenir à la terre. Si elle en a moins, elle
couvrira une partie plus ou moins grande

du difque du Soleil, & l'éclipfe fera partielle. Elle fera totale & centrale, fi la conjonction fe fait à l'un des nœuds : effets qui demandent encore le concours d'autres circonftances, car fi la lune eft dans fon apogée, le cone d'ombre qu'elle forme, n'atteint point jufqu'à la terre, fon difque cefTe d'ètre en état de couvrir celui du foleil, fur-tout fi celui-ci eft dans fon périgée. Il en réfulte alors, la lune étant dans fes nœuds, une éclipfe qu'on nomme centrale & annulaire, parce que le difque lunaire n'étant point capable de couvrir tout le difque du foleil, celui - ci déborde autour de la lune, à la circonférence de laquelle il forme comme un anneau lumineux, anneau qui eft plus ou moins large, fuivant les diftances refpectives du foleil à la lune, & de ceux-ci à la terre. Voyés la *fig*. 15. Les taches noires & circulaires y défignent le corps de la lune à différentes diftances de fes nœuds lors de fa conjonction. *Voyés encore la fig*. 11. Les nœuds de la lune ne font point fixes, ils fe portent d'orient en occident contre l'ordre des fignes, & employent un efpace de dix-neuf années à faire le tour de l'écliptique.

Une éclipfe de lune fe voit de tous les lieux où cette planete feroit vifible, fi elle n'étoit point éclipsée, & se voit par tout de la même maniere. Mais une éclipse de soleil est visible pour certains peuples de la terre, & ne l'est point pour d'autres. Elle peut même être partielle pour certaine région du monde, totale pour une autre, & nulle pour une troisieme. Dans la position désignée par la *fig.* 12. l'éclipse est totale au point C où tous les rayons dirigés vers le soleil, sont interceptés par la lune; elle est partielle de C en A d'où l'on peut appercevoir une partie plus ou moins grande du disque solaire; elle est nulle en A où les rayons qui de l'œil du spectateur sont dirigés sur le disque du soleil, peuvent y arriver librement, sans rencontrer la masse lunaire. Au point B on verroit la moitié du soleil.

Durant l'éclipse de lune, le disque de cette planete se fait encore voir avec la couleur d'un fer ardent qui commenceroit à s'éteindre. C'est que privée des rayons directs du soleil, elle en reçoit quelques-uns qui se font refractés dans l'atmosphère terrestre.

Des éclipses de lune on conclud : que la terre est moindre que le soleil; que la terre est plus grande que la lune, & que la terre est ronde. On en infere d'abord que le soleil est plus grand que la terre,

puifque l'ombre de celle-ci finit en pointe,
& n'éclipfe point les planetes. Elles prou-
vent en fecond lieu que la lune eft moindre que la terre puifque fon difque entier eft couvert de l'ombre terreftre moindre que la terre elle-même, à l'endroit
où la lune la traverfe. Elles établiffent enfin la rondeur de la terre, par la rondeur
même de l'ombre qu'elle jete fur le difque de la lune.

Des taches que l'on apperçoit dans le
foleil, les unes font fixes, & s'obfervent
conftamment aux mêmes endroits. Mr. de
la Lande croit que ce font les éminences
de la matiere folide qui forment le noyau
du foleil, & qui font couvertes & découvertes par le flux de la matiere ignée; les
autres font variables, & paroiffent pour
un tems plus ou moins confidérable, fur
des parties différentes du difque folaire.
Celles-ci pourroient bien n'être que des
fcories qui fe diffipent par l'activité des
feux du foleil. La progreffion des premieres nous a inftruit du mouvement qu'a
le foleil fur lui même ou autour de fon
centre.

On remarque auffi des taches fur la lune : les unes s'apperçoivent à la vue fim-
ple, les autres à l'aide du télefcope. On
préfume que les premieres ne font autre

chofe que des plages dans la lune, moins propres à réfléchir la lumiere du foleil, telles feroient à la furface de notre globe, les forèts, les lacs, &c. ; les autres dirigées tantôt vers l'orient, tantôt vers l'occident, croiffant & décroiffant fans ceffe fuivant la pofition de la lune, font crues être les ombres des parties prominentes qui exifteroient dans la lune. En effet lorfque la lune croit, ces taches font dirigées vers le levant ; lorfqu'elle décroit, elles font jetées vers le couchant ; dans fon plein elle difparoiffent, fuivant les différens afpects du foleil. Dans le croiffant de la lune, vers la jonction de la partie fombre avec la partie éclairée, on apperçoit plufieurs points lumineux qui ne doivent être que des parties élevées au-deffus des autres qui font frappées des rayons du foleil avant que les parties baffes ne puiffent en être éclairées. Tout cela manifefte affés des montagnes & des ombres dans la lune.

Diftances moyennes des planetes au foleil en lieues de 2283 toifes.

Mercure . . . . . 11000000 de lieues.
Vénus. 21000000
La Terre 33000000
Mars 45000000

Jupiter.   154000000
Saturne . . . .   330000000.
La diftance moyenne de la lune à la terre eft de 86000 lieues.

Groffeur des planetes & du foleil, relativement à la terre.

Le Soleil eft un million de fois plus gros que la terre.

Mercure eft un vingt-feptieme de la maffe terreftre.

Vénus eft prefque égale à la terre.

Mars un cinquieme du globe terreftre.

Jupiter eft douze cens fois plus gros que la terre.

Saturne environ mille fois plus gros que la terre.

La Lune n'eft que la cinquantieme de la maffe terreftre.

Mais les planetes font-elles habitées, font-elles habitables ? De puiffantes raifons nous portent à croire qu'elles le font. Elles circulent comme la terre autour du foleil, comme elle ce font des corps opaques, quelques unes ont des lunes ainfi que la terre, n'éclairant point, elles font deftinées à l'être elles-mêmes par le flambeau univerfel de notre fyftème planetaire placé au centre commun des révolutions.

S'il en eft ainfi, quel excès de froidure

dans Jupiter, dans Saturne! Comment les habitans y refifteront-ils? Qu'eft-ce qui développera les germes des plantes, animera la végétation, & donnera la vie à la nature? Tout y demeurera dans un engourdiffement éternel. Quel étonnant degré de chaleur dans la planete de Vénus, dans celle de Mercure, les habitans le foutiendront-ils? Tout n'y fera-t-il pas deffé-ché, brûlé, torréfié : quelle foible lumie-re dans Saturne. La rareté des rayons du foleil qui y parviendront, ne procureroit à fes habitans qu'une lumiere languiffante & éteinte, plus foible fans doute que celle de nos crépufcules. L'éclat de la lumiere du foleil dans Mercure, feroit infoutenable & blefferoit les organes. L'excès de lu-miere dans l'une de ces planetes, le défaut de lumiere dans l'autre, produiroient le même effet pour les habitans, celui de leur dérober la vue des objets! difficultés auxquelles nous allons répondre.

En difant que les planetes font habitées, nous ne prétendons point qu'elles foient de même nature que la terre, ni détermi-ner l'efpece de leurs habitans. Mais obfer-vons que la chaleur vient bien moins des feux du foleil, que du développement de celui qui exifte dans l'atmofphère, dans la terre & les fubftances qui font à fa furface. L'effervefcence & la raréfaction des humeurs qui entrent dans notre conftitution phyfique, font pour beaucoup dans la chaleur que nous éprouvons. Ne voyons-nous pas que tandis que les vallées de la Suiffe & de la Savoye font brûlées par les ardeurs du foleil, la cime des Alpes qui les domine, & qui font auffi plus voifines du foleil, font couvertes de neiges & de glaces auffi anciennes que le monde? Qu'à Quito, dans le Pérou, fous la zone torride, la plaine, & le fommet des Andes offrent en même tems le contrafte du plus chaud été, & de l'hiver le plus rigoureux. Ce n'eft donc pas précifément du foleil qu'il faut attendre la chaleur. Les fermentations dans les entrailles du globe, qui peuvent varier à des termes que nous ne connoiffons pas, des humeurs plus ou moins fufceptibles d'effervefcences, une atmofphère plus ou moins rare, la nature des alimens propres ou à tempérer, ou à en allumer le flegme, font tout autant de caufes qui peuvent rendre les climats de Saturne & de Mercure non feulement foutenables, mais même propices à leurs habitans. L'Auteur de la nature a pû avoir bien d'autres reffources refervées à fa fageffe & à fon intelligence infinie, pour pourvoir à la confervation des êtres animés qu'il aura créés pour habiter ces planetes, fin à laquelle tout aura été attempéré.

Quant à la lumiere que l'on prétendroit trop vive dans Mercure & dans Vénus ; trop affoiblie ou éteinte dans Jupiter & Saturne, on ne raisonneroit point d'après ce que la théorie & l'expérience nous mettent journellement sous les yeux. Une lumiere foible sur un organe qui aura plus de finesse fera autant d'impression qu'une lumiere vive sur un organe plus grossier & moins irritable. Les hiboux, les chats, les chauve-souris voient où les autres animaux ont cessé de voir. La clarté ordinaire du jour leur deviendroit insupportable par la délicatesse de leur organe. Le chat, cet animal domestique que nous venons de citer, est obligé durant le jour de contracter sa prunelle pour refuser passage à la masse de lumiere qui affecteroit sa rétine, sa prunelle, de ronde qu'elle est, contractée devient une ligne, seule forme sous laquelle nous la voyons. L'Auteur du monde a donc pû former aux créatures animées des organes plus ou moins irritables suivant leurs besoins, suivant les lieux où ils avoient à vivre. La lumiere de Saturne, bonne pour les habitans de Saturne, seroit insuffisante pour les habitans de la terre. Celle de Vénus attemperée aux organes de ses habitans, blefferoit ceux des êtres animés qui font à la furface de la terre, ou des autres planetes plus élevées.

Les étoiles font claffées par les aftronomes à raifon de leur grandeur. Ils les diftinguent en étoiles de la premiere, de la feconde, troifieme, quatrieme & cinquieme grandeur. Grouppées, comme nous l'avons dit, en plus ou moins grand nombre, elles ont reçu le nom de conftellations. Par un ciel pur, dans une foirée d'hiver, du côté du midi, on diftingue fans peine trois belles étoiles placées fur une même ligne, vulgairement dites les trois rois, qui font partie de la conftellation d'Orion. Elles vous dirigent, d'une part, du côté de l'oueft, vers les Pleïades, affemblage de petites étoiles extrêmement brillantes qui appartiennent à la conftellation du Taureau, ainfi qu'Aldebran étoile de la premiere grandeur, très voifine des Pleïades : de l'autre côté, & vers l'orient, les trois rois qui forment le Baudrier d'Orion vous conduiront fur Syrius la plus belle étoile du ciel, placée dans la conftellation du Grand Chien. Plus au nord, vous verrez Procyon ou le Petit Chien, étoile de la premiere grandeur qui fait avec Syrius & la premiere étoile du Baudrier d'Orion un triangle prefque équilateral. **La Grande Ourfe eft principa-**
lement

lement compofée de fept étoiles très brillantes. On la nomme vulgairement le charriot, ou le charriot de David. Les fept étoiles font difpofées de maniere à défigner les quatre roues & le timon du char, ou les quatre pattes & la queue de l'Ours. Une ligne droite tirée par les deux dernieres étoiles du quarré de l'Ourfe, & du côté de la convexité de la queue, aboutira fur une étoile affez brillante qui eft l'étoile polaire, & qui eft à l'extrêmité de la queue de la petite Ourfe compofée comme la grande, de fept étoiles difpofées de même, qui font moins brillantes, & prennent moins de champ. En s'allignant ainfi de proche en proche & par le fecours du globe celefte, on parviendra à reconnoitre la pofition des conftellations.

Le premier Janvier, Aldebran paffe par notre méridien (à Paris) à neuf heures & demie du foir; le premier Février, à fept heures vingt minutes ; le premier Décembre, à onze heures cinquante minutes. Sa hauteur fur l'horifon eft de 57 degrés. Syrius y paffe à onze heures quarante - quatre minutes , le premier Janvier ; à neuf heures & demie, le premier Février : fa hauteur eft de 24 degrés 45 minutes. Procion paffe à minuit & demi le 1ʳ Janvier ; à dix heures & demie le 1ʳ. Février ; à neuf heures le 1ʳ. Mars ;

Sphère   C

à fix heures trois quarts le 1ʳ Avril. S.
hauteur eſt de 47 degrés.

Des ſoixante conſtellations, douze ſont
dans le zodiaque, & il ne faut pas les con-
fondre avec les douze ſignes du zodiaque.
On a remarqué dans les étoiles un mouvement très lent d'occident en orient par
lequel elles achevent un degré dans l'eſpace de 70 ans, une révolution entiere en
25000 ans. De ce déplacement il eſt ar-
rivé que le premier degré du Belier qui
touchoit l'équateur lors de la diviſion du
zodiaque par les anciens aſtronomes, ſe
trouve maintenant avancé de trente degrés,
tellement que la conſtellation du Belier ſe
trouve ſubſtituée à celle du Taureau ,
celle du Taureau à celle des Gemeaux
&c. Mais comme malgré ce changement,
on a conſervé les mêmes noms aux douze diviſions du zodiaque faites par les
anciens, il faut entendre par conſtellations du zodiaque, les aſſemblages mêmes
des étoiles auxquels furent originairement
donnés les noms de Belier, Taureau &c. ;
& par ſignes du zodiaque les douze diviſions primitives relatives à l'équateur &
aux tropiques, faites au tems d'Hyppar-
que. C'eſt de ce mouvement que naît la
préceſſion des équinoxes qui reviennent
avant que le ſoleil ait entierement achevé

le zodiaque. Au reste le mouvement des étoiles fixes dont nous venons de parler n'est, suivant les Coperniciens, qu'une simple apparence qui a sa cause dans le mouvement insensible de l'axe terrestre en sens contraire de celui que nous voyons dans les étoiles, mouvement par lequel il décrit deux cônes, opposés au sommet au centre de la terre.

Les Cometes ont longtems épouvanté les hommes qui les regardoient comme les avant-coureurs de quelques fleaux. Elles préfageoient la guerre, la peste, la famine, & s'il arrivoit que quelque souverain mourut dans le cours de l'année, on ne manquoit pas d'attribuer cet événement à l'influence de la comete. Les physiciens les crûrent longtems des météores, qui formés des exhalaisons de la terre, enflammés ensuite par des principes de fermentation & d'effervescence, se faisoient voir jusqu'à la dissipation totale de leur substance. Mais bien plus élevées que la lune, elles sont bien au-delà de notre atmosphère, & de la région des météores.

La physique plus éclairée aujourd'hui par les progrès de la geométrie, par l'invention, & la perfection des instrumens d'astronomie, est parvenue à s'assurer que les cometes sont de véritables planetes

qui font leurs révolutions dans des elli-
fes extrémement allongées, qui font vifibles lorfqu'elles fe rapprochent de la partie de la courbe elliptique qui eft voifine
de nous, qui difparoiffent lorfque emportées par cette même courbe dans la
profondeur de l'efpace, le trop grand éloignement nous les fait perdre de vue, &
les fouftrait à nos regards. Leur lumiere
eft douce & foible, parce que c'eft la
lumiere du foleil qu'elles nous renvoyent.
On croit que la queue lumineufe que les
cometes trainent ordinairement après elles,
font, ou des vapeurs exaltées par la chaleur qu'elles éprouvent dans leur paffage
par le perihelie, point de leur révolution
le plus voifin du foleil, [l'aphelie eft le
point le plus éloigné] ou des particules
de l'atmofphère folaire dont elles fe char-
gent dans leur perihelie. La comete de
1682 paffa fi près du foleil, que fi elle
n'eut été d'une fubftance bien différente
de celles que nous connoiffons, elle eut
été immanquablement détruite & confu-
mée par la chaleur exceffive qu'elle a dû
éprouver, & qui fuivant Newton, à n'a-
voir égard qu'à la denfité des rayons folaires, dût furpaffer un grand nombre de
fois, celle d'un fer rouge. Elle devint cent

foixante fix fois plus voifine du foleil que nous ne le fommes.

Ces aftres ont un retour déterminé, plus ou moins long, fuivant l'excentricité de leur orbite qui les fort de notre fyftème planetaire pour les perdre, pour ainfi dire, dans l'immenfité de l'efpace à des profondeurs plus ou moins confidérables. Les geométres ont ofé rechercher la route de ces aftres, la marquer, la foumettre à leurs calculs, & annoncer en conféquence le retour de leurs apparitions. M. Halley, d'après la théorie de Newton, fut le premier qui ofa prédire pour l'année 1757 ou 1758 le retour de la comete qui avoit paru en 1682. M.M. Clairaut & d'Alembert le déterminerent avec encore plus de précifion. L'événement juftifia la profondeur & la juftefse de leur théorie : cette comete reparut fur la fin du mois de janvier 1759. *Fig.* 9.

On a objecté contre le fyftème de Copernic que dans tout le cours de l'année, nous avons conftamment les mèmes étoiles verticales, que c'eft toujours le mème bandeau d'étoiles qui pafse à notre zénith à chaque révolution réelle, ou apparente du ciel. Or, dit-on, comment aurions-nous perpétuellement les mèmes étoiles au-defsus de nos têtes, fi la terre parcouroit elle même le zodiaque ? L'objection fpé-cieufe d'abord, difparoit lorfqu'on fait attention à l'immenfité des cieux dans la capacité defquels l'orbite même de la terre n'eft pour ainfi dire qu'un point. Il eft bien vrai que ftrictement, ce ne font point les mêmes parties du ciel qui répondent à nos têtes, mais la différence devient infenfible à raifon de l'éloignement.

Il y a, pourfuit-on, plus de diftance d'un habitant de la terre, lorfqu'elle eft placée au figne du Cancer, au même habitant, lorfque la terre eft au Capricorne, qu'il n'y en a d'un tropique terreftre à l'autre ; or ceux qui habitent fous ces tropiques, ont des étoiles verticales différentes, donc, à plus forte raifon, celui - là auroit des étoiles verticales différentes qui par le mouvement annuel de la terre, du figne du Cancer feroit porté au figne du Capricorne par un déplacement de foixante fix millions de lieues. On répond à cela que ceux qui habitent fous les tropiques terreftres laiffent entre eux un bien moindre intervalle que n'eft celui qui fe trouve entre les deux pofitions de la terre, d'abord au figne du Cancer, & fix mois après à celui du Capricorne. Les premiers cependant doivent avoir des étoiles verticales différentes, tandis que le déplacement de la terre, ne fera point changer celles des peuples qui sont emportés avec elle. La disparité vient de ce que ceux qui vivent sous les deux tropiques voyent les étoiles qui sont à leur zénith par des lignes divergentes qui sont dans le prolongement des rayons terrestres : leur écartement devient d'autant plus considérable, qu'ils s'étendent à de plus grandes distances. Ils doivent donc aboutir à des points du ciel fort éloignés les uns des autres. Mais les deux rayons qui aboutissent successivement au zénith d'un habitant de la terre, lorsqu'elle est à l'Ecrevisse, ensuite au Capricorne, ces deux rayons, dis-je, sont parallelés entre eux : or suivant les loix de l'optique, deux lignes paralleles, semblent se rapprocher par leurs extrêmités, d'autant plus qu'elles s'étendent à des distances plus grandes. L'éloignement donc des étoiles fixes étant prodigieux, les lignes paralleles doivent paroître se joindre par leurs extrêmités, & aboutir au même point du ciel. C'est ainsi que placés à l'entrée d'une longue avenue d'arbres plantés parallelement, nous les voyons se joindre à l'autre extrêmité. Nous correspondrons donc, par le déplacement successif de la terre à des points du ciel réellement différens , mais fenfiblement les mêmes.

Ce fera la même réponfe fi l'on objectoit qu'en tout tems nous appercevons toujours la moitié du firmament, & que la hauteur du Pôle demeure toujours & conftamment la même. La terre, à la vérité, divife le monde en deux parties inégales qui font alternativement fur notre horifon. Par une fuite du parallelifme de fon axe, la hauteur du pôle eft tantôt plus grande, tantôt moindre, à mefure que fa terre paffe du Capricorne à l'Ecreviffe, ou revient de l'Ecreviffe au Capricorne. Toutefois par une fuite de l'éloignement inconcevable du ciel étoilé , nous voyons toujours fenfiblement la moitié du firmament, l'élévation du pôle eft toujours fenfiblement la même.

Si la terre, pourfuit-on, avoit un mouvement de giration , tous les corps qui font à fa furface, devroient s'échapper par la tangente, fuivant la loi des corps mûs circulairement , on devroit fentir un vent très rapide d'orient en occident, en fens contraire de celui de la terre. Une bombe lancée perpendiculairement , ne devroit plus retomber au voifinage du mortier, les oifeaux qui auroient quitté leurs nids ne devroient plus les retrouver : un boulet chaſſé vers l'orient iroit plus loin & frapperoit avec plus de force que s'il étoit dirigé vers l'occident ; toutes choſes cependant contraires à l'expérience !

On répond à tout : les corps qui ſont à la ſurface de la terre y reſtent attachés par l'effet de la gravité qui ſe manifeſte à nous par l'excès ſeulement de ſon action ſur celle de la force centrifuge. La tendance d'ailleurs par la tangente eſt bien peu conſidérable , à cauſe de la petiteſſe de l'angle qu'elle fait avec la ſuperficie du globe , en conſéquence de ſa grande étendue.

L'atmoſphère ayant, ou à peu-près, le même mouvement que la terre qu'elle enveloppe, il ne doit point exiſter de courant d'air rapide autour du globe. Entre les deux tropiques ſeulement où la viteſſe de la terre eſt plus grande, à cauſe des cercles plus grands qu'y décrivent les points de ſa ſuperficie, on éprouve conſtamment un vent qui ſouffle d'orient en occident, & rend la navigation plus facile à ceux qui des Indes reviennent en Europe, qu'à ceux qui d'Europe paſſent aux Indes, & le témoignage des navigateurs ſur ce fait confirme l'hypothèſe du mouvement de la terre auteur d'elle même.

La bombe lancée perpendiculairement

retombera dans le mortier ou près du mortier. Car à l'inftant de l'explofion, elle n'obéit pas feulement à l'effort de la poudre, mais encore à l'impulfion de la terre. De ces deux puiffances qui agiffent en même tems fur la bombe, l'une tend [*fig.* 13.] à la faire monter perpendiculairement en M, l'autre à la faire avancer horifontalement vers F, & fans le concours d'une troifieme puiffance, elle prendroit une direction moyenne, qui par la diagonale la porteroit en X, dans le même tems qu'elle eut employé à venir en M ou en F. Mais une troifieme puiffance, la pefanteur corromp cette direction : à la fin du premier inftant, au lieu d'être en *a*, elle fe trouve en A, rabatue d'un efpace ; à la fin du fecond tems au lieu d'être en *b*, elle fera parvenue en B, defcendue de quatre efpaces : elle exiftera fucceffivement en C en D, finalement en F, dans le même tems qu'elle fut venue en *c*, en *d*, en X, fuivant les loix de l'accélération dans la chûte des corps. C'eft ainfi qu'en compofant fa direction des trois forces fimultanées qui agiffent fur elle, la bombe parvient par une ligne parabolique en F, en même tems que le mortier. Mais tandis qu'elle fe meut réellement dans une courbe, & pour ceux qui la verroient d'un lieu hors de la terre, elle monte perpendiculairement, & retombe de même pour nous, qui emportés d'une viteſſe horiſontale égale à la ſienne, la voyons toujours correſpondre à nos têtes de la même maniere, à la ſeule différence du plus ou moins d'élévation.

Les oiſeaux qui participent au mouvement commun, ne feront pas plus en peine de retrouver leurs nids, que le feroit pour retrouver ſa place, celui qui ſur le coche d'Auxerre l'auroit quittée pour aller reſpirer ſur le tillac.

Le boulet chaſſé vers l'orient ou vers l'occident, ne nous laiſſera voir aucune différence, ni dans la portée, ni dans l'intenſité de ſon action. Eſt-il dirigé vers l'orient, à l'action de la poudre ſe joint celle de la terre, mais celle-ci étant commune au but, il ne reſte dans le boulet, pour l'atteindre & le frapper que la ſeule force de la poudre. Le boulet eſt-il dirigé vers l'occident, ce qui eſt ôté à ſon effet par la viteſſe de la terre en ſens contraire, il le retrouve dans l'action même du but emporté vers l'orient par le mouvement commun, & dans le tranſport des parties de la ſuperficie terreſtre qui s'approchent du boulet d'une quantité proportionnée au retardement qu'il a éprouvé par la viteffe qu'il avoit du côté de l'orient, lorfque l'action de la poudre l'a follicité vers l'occident.

On a dit enfin contre l'hypothèfe de Copernic: quel moyen d'admettre un fyftème contraire aux livres faints, dans plufieurs paffages defquels le foleil eft fuppofé en mouvement autour de la terre, notamment dans ceux-ci : *fol contra Gabaon ne movearis ; & luna contra vallem Hailon : ſteteruntque fol & luna.* Jofué cap. X. *Oritur quotidie fol, & occidit, & ad locum ſuum revertitur, ibique renaſcens girat per meridiem, & flectitur ad aquilonem.* Ecclefiaft. cap. I.

On ajoute que Galilée, le défenfeur de ce fyftème, en fut repris par l'inquifition qui condamna fes affertions. L'objection n'eft d'aucune valeur contre le fyftème qui attribue l'immobilité au foleil : les auteurs des faintes écritures fe font exprimés conformément aux apparences, & on le voit évidemment dans ce paffage de la Genefe où Dieu produifant le foleil & la lune eft dit : *feciffe duo luminaria magna, alterum quod præffet diei, alterum noſti.* Il eft conftant cependant que la lune eft un corps opaque, différent du foleil & des étoiles fixes. La condamnation des inquifiteurs fur une matiere qui n'appartenoit point à la foi, & dans laquelle ils n'étoient point juges, tomboit bien plus fur la perfonne même de Galilée dont la gloire les blef-foit, que fur une opinion qu'il venoit de convertir en certitude, & que l'Europe favante ne tarda pas à confirmer de fes fuffrages.

Tycho-Brahé ne fut point heureux dans la difpofition qu'il voulut donner à l'univers. Ptolomée & Copernic l'avoient devancé. Il vit que l'un avoit mal déviné les pofitions refpectives des corps céleftes ; il lui fembla que l'autre dans le mouve-ment de la terre, & l'immobilité du fo-leil, étoit en oppofition avec l'écriture fainte. Il prit de l'un & de l'autre pour former fon hypothèfe qui en eft un com-pofé bifarre, & avec laquelle il crut parer à tout. Il plaça la terre immobile au cen-tre du monde : autour de la terre il fit tourner la lune, puis le foleil, & tout le firmament ; tandis qu'autour du foleil com-me centre feroient leurs révolutions Mer-cure, Vénus, Mars, Jupiter, Saturne, de maniere cependant que les orbites de Mercure, & de Vénus n'embraffent point la terre, qui fe trouveroit renfermée dans celles de Mars, de Jupiter, & de Saturne : hypothèfe qui par fa complica-

tion ne porte point le caractère de la vérité : mais à l'examiner d'ailleurs, elle porte
encore bien davantage celui de la repro-
bation. Les corps céleftes étant libres,
ifolés, incoherens, les orbites des planetes étant purement imaginaires, comment
dans fa révolution en vingt-quatre heures,
le foleil emportera-t-il les uns & les autres autour de la terre, dans la rapidité
de fa courfe ! Comment concevoir la viteffe
du firmament ! Quels inconvéniens ne
doivent point refulter de l'interfection du
cercle de Mars avec celui du Soleil ! Il
étoit réfervé au fyftême de Copernic,
par fa fimplicité, par fa conformité aux
loix de la phyfique, par fon rapport exact
avec les obfervations & les découvertes
faites en aftronomie, par la merveilleufe
facilité avec laquelle il explique tous les
phénomènes, il étoit, dis-je réfervé à ce
fyftême de réunir tous les fuffrages.
Fig. 16.

La longitude eft la maniere de compter les diftances fur le globe d'occident
en orient, & la latitude indique les diftances de l'équateur aux pôles. Il y a donc
360 degrés de longitude, & 90 feulement de latitude. Les dénominations de
longitude & de latitude, viennent des anciens qui connoiffant plus d'étendue de

terres d'occident en orient que de l'équateur aux pôles, nommerent la premiere longitude, & l'autre latitude. La longitude est marquée sur l'équateur, & la latitude sur le méridien. On conçoit que dans un cercle, n'y ayant proprement ni commencement ni fin, il n'est aucun point du globe qui par lui même ait pu être celui duquel on commenceroit à compter le premier degré de longitude, & comme il importoit que les hommes pussent s'entendre, & qu'il existat une convention à ce sujet : Louis XIII y donna une sanction par son ordonnance qui détermina l'ile de Fer la plus occidentale des Canaries pour le point du globe d'où l'on partiroit pour estimer les degrés de longitude. La chose étoit fondée en raison, cette ile se trouvant à l'extrèmité de notre continent. Toutefois, ce qui a été en soi parfaitement indifférent. Les Hollandois font passer le premier méridien par le pic de Teneriffe, les Portugais par le pic des Açores, les Espagnols par la ville de Tolede, quelques autres le placent au Cap-Verd : M.M. de l'académie royale des sciences de Paris le font passer par l'observatoire même de Paris, & comptent 180 degrés de longitude orientale, & 180 degrés de longitude occidentale, méthode qui relativement à nous, eſt ſans contredit la meilleure à tous égards. Cependant il a prévalu de compter la longitude, à commencer de l'ile de Fer, & lorſqu'on parle de la longitude, ſans déſigner le premier méridien, c'eſt toujours de celui de l'ile de Fer, dont il eſt queſtion.

La longitude & la latitude combinées ſervent à connoitre la poſition d'une ville, d'une montagne, d'un lieu quelconque ſur la ſurface de la terre. En effet connoiſſant la longitude, vous connoitrez de combien ce lieu eſt avancé vers l'orient, & par ſon degré de latitude ſeptentrionale ou méridionale, vous connoitrez de combien il eſt diſtant de l'équateur vers l'un ou l'autre pôle.

On détermine la latitude d'un lieu ſur la terre, c'eſt-à-dire, ſa diſtance à l'équateur par l'opération ſuivante. On prend un quart de cercle gradué, au centre duquel eſt une règle mobile, munie de deux pinnules. A l'équinoxe du printems ou de l'automne, on préſente le quart de cercle au ſoleil, à midi, lors de ſon paſſage par le méridien. L'un des côtés du quart de cercle ſe place horiſontalement, à quoi on parvient en dirigeant l'autre par un fil d'aplomb. Alors on élève la règle juſqu'à-ce que le rayon ſolaire paſſe par les deux pinnules. Alors on compte le nombre de degrés intercepté entre la règle, & le côté vertical du quart de cercle, il donne la diftance à l'équateur, ou ce qui eft la même chofe la latitude. Car aux deux équinoxes le foleil décrit l'équateur, & fi nous étions fous ce cercle, il faudroit élever la règle perpendiculairement pour que les rayons folaires puiffent paffer par les pinnules. Que fi donc il faut baiffer la règle d'un ou de deux degrés, au lieu d'être fous la ligne, on conclura qu'on l'a outre-paffée d'un ou de deux degrés : que s'il faut l'abbaifer de 49 degrés, comme à Paris, on conclura que l'on eft à quarante-neuf degrés de l'équateur, & que par conféquent la latitude de cette ville eft de quarante-neuf degrés. *Fig.* 17.

Dans les autres tems de l'année, on pourra auffi connoitre la latitude, au moyen de la déclinaifon du foleil, marquée pour chaque jour fur les tables des aftronomes. Car fi le foleil eft en-deçà de l'équateur, ôtés la déclinaifon de la hauteur que vous trouverés au foleil, ajoutés-la au contraire fi le foleil eft au-delà de l'équateur, le refidu d'une part, ou la fomme de l'autre vous donnera la hauteur du foleil aux équinoxes : fa diftance à votre zénith marquera la latitude. On entend par déclinaison la quantité dont le soleil est distant de l'équateur. La hauteur du pôle étant toujours égale à la latitude, parce qu'on ne peut quitter l'équateur d'un degré, de dix degrés, que l'horison ne baisse aussi sous le pôle d'un degré, de dix degrés, le même procédé qui indique la latitude fera aussi connoitre la hauteur du pôle.

La longitude se détermine par l'observation des éclipses de lune, & plus souvent des satellites de Jupiter. Des observateurs placés en différens lieux, tiennent compte exact du moment auquel arrive une de ces éclipses, & par la différence des tems, on conclud avec certitude la longitude du lieu. Par exemple l'éclipse du premier ou du second satellite de Jupiter a été vue à Paris à minuit, à Vienne à une heure, au grand Caire à deux heures après minuit, à Dunkerque encore à minuit, à Lisbonne à onze heures vingt minutes ; on conclura que Vienne est de 15 degrés plus orientale que Paris, que le grand Caire l'est de trente degrés, que Dunkerque est sous le même méridien que Paris, que Lisbonne enfin est reculée de dix degrés du côté de l'ouest par rapport à cette capitale. La longitude de Vienne sera donc de 35 degrés, celle du Caire de 50 degrés, celle de Dunkerque de 20 degrés, celle de Lisbonne de dix degrés. En effet le foleil parcourant les 360 degrés du globe en vingt-quatre heures il en parcourt quinze par heures ; autant donc il y aura d'heures de différence dans les lieux où l'éclipfe a été obfervée, autant il y a de fois quinze degrés de différence dans la longitude qui en général s'évaluera proportionnellement à la différence des tems. On préfere l'obfervation des éclipfes des fattellites de Jupiter à celle des éclipfes de lune, d'abord parce que les fatellites de Jupiter tournant fort vite autour de leur planete, leurs éclipfes font très fréquentes ; en fecond lieu parce que l'on détermine le commencement de l'éclipfe avec plus de précifion, attendu que la refraction mélangeant moins de rayons folaires dans la circonférence de l'ombre de Jupiter, il ne fe trouve point comme dans celle de la terre, de cette ombre douteufe dite penombre qui rend incertain le moment de l'immerfion, & le fatellite paffe immédiatement de la lumiere dans l'ombre.

La détermination des longitudes & des latitudes a donné moyen d'affigner la grandeur du globe terreltre. On choifit deux villes qui foient fous le même méridien, Paris par exemple, & Amiens. On cherche leur latitude, & on trouve que celle de Paris eſt de quarante-neuf degrés, celle d'Amiens de cinquante, il y a donc entre ces deux villes l'intervalle d'un degré d'un grand cercle de la terre. Elles ſont diſtantes de vingt-neuf lieues, qui étant réduites à vingt-cinq à cauſe de la ſinuoſité des chemins ; ce ſera vingt-cinq lieues pour la valeur d'un degré terreſtre, qui multipliées par 360 donneront neuf mille lieues pour la circonférence de la terre.

On appelle climats des eſpaces paralleles de terre, à la fin de chacun deſquels, le plus grand jour eſt plus long d'une quantité déterminée qu'au commencement. Il y en a trente de l'équateur à chacun des pôles, vingt-quatre de demi-heures, & ſix de mois. Le plus grand jour ſous l'équateur étant de douze heures, & de vingt-quatre heures ſous le cercle polaire, c'eſt une différence de douze heures en conſéquence de laquelle, on a pû diviſer l'eſpace qui eſt entre l'équateur & le cercle polaire en vingt-quatre parties, à l'extrêmité de chacune deſquelles le plus grand jour fut plus long d'une demi-heure qu'au commencement : ce ſont les vingt-quatre climats de demi-heures. Le plus grand jour ſous le cercle polaire étant de vingt-quatre heures & de six mois sous le pôle, on a pu partager l'espace compris entre le cercle polaire & le pôle en six portions à la fin de chacun desquels le plus long jour fut plus long d'un mois qu'au commencement. Ce sont les six climats de mois. Mais on observera que pour trouver une différence de demi-heure sur le plus grand jour en allant de l'équateur au cercle polaire, il faut parcourir des espaces qui vont en décroissant, & que pour trouver une augmentation d'un mois en allant du cercle polaire au pôle, ce sont des espaces qui vont en croissant, effet dont il n'est pas difficile de reconnoitre les causes.

Lorsqu'on part de l'équateur pour s'avancer vers le pôle, l'horison découvre une partie de plus en plus grande du tropique du Cancer que décrit le soleil lors du plus grand jour de l'année pour nous; il s'abbaisse d'abord en formant avec ce même tropique des angles presque droits : approche-t-on du cercle polaire, ce n'est plus la même chose, l'horison s'abbaisse en faisant avec le tropique, des angles très aigus, l'horison & le tropique approchent du parallelisme. De cette différente disposition il résulte que l'horison en baissant également & uniformement découvre des parties inégales du tropique du Cancer, de moindres dans le commencement, de plus grandes en approchant du cercle polaire, & comme la longueur du plus grand jour dépend de la quantité du tropique du Cancer qui existe au-dessus de l'horison ; pour trouver une différence de demi-heure de l'équateur au cercle polaire, ou parcourra des espaces qui iront nécessairement en décroissant.

Les climats de mois au contraire vont en croissant, & cela doit être, car le plus long jour sous le pôle dépend de la quantité du cercle de l'écliptique qui existera sur l'horison, or à partir du cercle polaire pour arriver au pôle, pour peu que descende l'horison, il découvrira tout à coup une partie notable de l'écliptique, attendu qu'au voisinage du tropique du Cancer, elle est presque parallele à ce cercle. Si l'horison découvre une suite de trente degrés, c'est un accroissement d'un mois pour le plus long jour, puisqu'il faudra cet intervalle de tems au soleil pour parcourir les trente degrés compris dans la partie de l'écliptique qui existe sur l'horison. S'avoisine-t-on du pôle, ce n'est plus la même chose, l'horison au lieu de se trouver dans une direction parallele à l'écliptique la croise de maniere à en découvrir des parties de moins en moins confidérables en defcendant uniformement. Pour trouver une augmentation d'un mois en allant du cercle polaire au pôle , il faudra donc parcourir des efpaces qui aillent en croiffant. A l'aide du globe on faifira fans peine ces différences.

DESCARTES fut le premier qui ait effayé d'expliquer phyfiquement les mouvemens de ce vafte univers. Il fuppofe que Dieu créa la matiere, qu'il la créa homogéne; divifible, mais non divifée; mobile, mais fans le mouvement actuel. Que Dieu divifa cette matiere en parties cubiques : des parties fphériques euffent laiffé du vuide entre elles : or dit-il le vuide repugne. Il fuppofe qu'à chacune de ces parties cubiques Dieu donna un mouvement de giration fur fon centre , tandis qu'il détermina plufieurs de ces mêmes parties à circuler autour d'un centre commun. Mais ces mouvemens n'ont pû avoir lieu fans que les angles des parties cubiques ne fe rompiffent & ne formaffent en fe rompant diverfes efpèces de matiere, une très fluide & très fubtile, venue du frottement des parties, une autre que Defcartes nomme matiere globeufe , refidu des cubes dépouillés de leurs angles , une troifieme enfin , irréguliere, qu'il nomme matiere

rameufe. Mûes toutes enfemble, il a fallu
fuivant les loix des forces centrales, que
ces diverfes efpèces de matiere fe tinffent
à des diftances du centre proportionnelles à leurs forces centrifuges. La matiere
globeufe s'eft donc portée à la circonférence du tourbillon, les globules moindres
ont dû fe placer au - deffous après avoir
rempli les vuides que laiffoient entr'elles
les parties de la matiere globeufe : & la
matiere fubtile refoulée & accumulée au
centre même, douée d'un mouvement
très véhément de vertige & d'ébullition,
y a formé ce qu'on nomme foleil ou étoile fixe.

Quant à la difpofition des tourbillons,
ils ont dû fe placer de maniere qu'ils cor-
refpondiffent par leurs pôles, ou que le
pôle de l'un répondit à l'équateur de l'autre. Le pôle de l'un n'a pas pû répondre
au pôle de l'autre : car alors tous les deux
fe fuffent mûs ou dans le même fens, ou
en fens contraires ; dans le premier cas,
ces deux tourbillons euffent eu le même
axe de rotation, ils fe fuffent bientôt con-
fondus, des deux & de tous, il ne s'en
fut formé qu'un feul ! S'ils fe fuffent mûs
en fens contraires, les mouvemens fe fuffent empêchés, le mouvement de l'un eut
détruit celui de l'autre. Il a donc fallu que

le

le pôle d'un tourbillon ait été oppofé à l'équateur d'un autre tourbillon : chaque tourbillon a donc répondu par fes deux pôles à l'équateur de deux autres tourbillons : mais dans cette difpofition il a dû s'applatir par fes pôles forcés de fe rapprocher du centre. Et en effet la matiere qui eft dans l'équateur, à raifon de fa maffe, de fa direction, & de fa grande viteffe, a dû exercer une action victorieufe contre la matiere des pôles, dont l'effort par la tangente eft parallele à l'axe de l'équateur : fes pôles ont donc été comprimés de maniere que l'axe devint moindre que le diamétre de l'équateur.

Le mouvement circulaire imprimé à toutes les parties de chaque tourbillon, les follicitant à s'éloigner du centre de leurs révolutions, vers le pôle il s'eft fait un vuide, qui étant dans la direction de la tangente du tourbillon voifin, la matiere de ce tourbillon a dû s'y porter, & fe diriger fuivant la longueur de l'axe, jufqu'à-ce qu'arrivée vers le centre, elle a dû être rejetée vers l'écliptique, où rencontrant des courants de pareille matiere, venant du pôle oppofé, ces particules de figures irrégulieres, mûes en fens contraires fe font arrêtées & embarraffées mutuellement : elles ont formé par leur adhefion différentes maſſes, qui diſſipées par l'activité de l'aſtre central, ne forment ſur ſon diſque que des taches paſſageres. Que ſi elles ont trop de conſiſtance & de denſité pour que le ſoleil puiſſe les diſſoudre, leur volume augmente au point, par l'acceſſion de nouvelles particules qui ſe joignent aux premieres, qu'elles finiſſent par couvrir en entier le ſoleil & l'éteindre. Alors le tourbillon dont il étoit l'ame perd ſon équilibre, il ne peut plus réagir contre l'action des tourbillons voiſins, il eſt abſorbé avec ſon tourbillon dans le tourbillon voiſin. Là s'il ne peut acquerir une viteſſe circulaire qui lui donne une force centrifuge égale à celle qui exiſtoit dans le volume du fluide dont il occupe la place ; il a dû paſſer dans un autre tourbillon : c'eſt une comete. Acquiert-il au contraire une force centrifuge égale à celle du fluide, il reſte dans ce tourbillon, & y forme une planete. Une planete eſt donc un ſoleil incruſté, notre terre un ſoleil ou une étoile incruſtée, toutes ont été abſorbées dans le tourbillon ſolaire, & s'y ſont fixées à des hauteurs proportionnelles à leurs forces centrifuges réſultant de leur maſſe & de leur viteſſe. Mercure qui n'eut qu'une force centrifuge égale à celle des moindres parties de matiere, ſe tint plus près du Soleil, Vénus circula plus loin, enfuite la Terre, Mars, Jupiter, & Saturne.

Mais parce que quelques-unes de ces planetes, avant d'être incruftées, avoient reçu dans leur tourbillon un autre foleil ou même plufieurs qui l'étoient déja ; en paffant dans un autre tourbillon, elles les y ont entrainés avec elles-mêmes, & y ont formé des planetes environnées de fatellites. Le fatellite de la Terre, les fatellites de Jupiter & de Saturne font donc des foleils incruftés, qui ont paffé avec leurs tourbillons dans les tourbillons de la Terre, de Jupiter & de Saturne, avant que ceux-ci n'euffent eux-mêmes été abforbés dans le grand tourbillon folaire.

Voilà une efquiffe fommaire du fyftême de Defcartes, ingénieux à la vérité, mais qui ne tient point à l'examen. Qu'eft-ce que cette matiere qui crée fans être divifée, l'eft enfuite en parties cubiques, l'hypothèfe du plein fubfiftant ! Les lignes de divifion ne peuvent être que mentales & purement imaginaires, elles n'introduifent aucun changement réel dans la matiere, qui n'étant d'abord point divifée, ne le devient point par une divifion fimplement idéale !

La matiere a été divifée en parties cubiques, non en parties rondes qui euffent laiffé du vuide entre elle ? Mais comment concevoir que les parties cubiques rece-vront un mouvement de giration fur leur centre fans qu'il naiffe du vuide entre ces cubes ! Si le frottement de ces corps les uns contre les autres a pû rompre, limer, effacer les angles, & donner l'exif-tence à la matiere fubtile, comment la matiere globeufe & rameufe ne fe conver-tiffent-elles pas auffi en matiere fubtile par le frottement continuel ? L'expérience & la théorie ne nous apprennent-elles pas que les corps ronds, que les furfaces pla-nes appliquées l'une fur l'autre fe détrui-fent par le frottement ?

Les tourbillons font applatis par les pôles ! Mais pourquoi ne font-ils pas en-tierement détruits, puifqu'il y a action con-tinuelle de la part de l'équateur qui com-prime, & aucune réaction, aucun effort en fens contraire de la part du pôle, dont la matiere mûe circulairement, a fa ten-dance par la tangente qui eft parallele à l'axe de l'équateur.

La force d'un tourbillon pour contre-balancer les tourbillons voifins venant de la force centrifuge, refultat du mouve-ment circulaire imprimé dès le commen-cement à la matiere par la main de Dieu,

& ne dérivant nullement de l'étoile qui est au centre, cette étoile fut-elle incrustée, on ne voit pas que le tourbillon doive être abforbé, que cette étoile éteinte doive fe déplacer, qu'elle doive ceffer d'occuper le centre du tourbillon qui eft le lieu du repos, de l'inertie ou de la moindre activité.

Malgré les défectuofités de ce fyftème, qui s'accumulent à mefure que l'on en fait l'application aux phénomènes, nous devons néanmoins à fon auteur un jufte tribut d'éloges & de reconnoiffance, pour avoir ofé le premier porter le flambeau dans le méchanifme général de la nature, & comme le remarque M. de Voltaire, s'il n'a point payé en bonne monnoye, c'eft beaucoup d'avoir décrié la fauffe. Il donna trop à l'imagination, mais il ouvrit une nouvelle maniere de philofopher qui a conduit aux découvertes, & préparé la voie où Newton a marché depuis avec tant d'éclat & de gloire.

Ce grand homme, dont l'Angleterre s'honore fi juftement, vit que les corps abandonnés à eux-mêmes fe portent au centre de la terre; que la même tendance fe manifefte aux plus grandes hauteurs où l'on peut s'élever, comme les fommets des montagnes. Il conjectura qu'il en feroit de même à des régions supérieures : qu'un corps porté par exemple à la hauteur de la lune, feroit également follicité à fe rendre au centre de la terre ; que cette tendance ou gravitation exiftoit dans la lune même, qu'elle pefoit vers la terre. Il vit qu'il n'exiftoit point de mouvement circulaire dans la nature ; que celui que nous appellons tel fe fait fur une droite, brifée à tous les inftans par le changement perpétuel de direction entre les deux puiffances fimultanées, dont le concours jete le mobile dans des diagonales inclinées les unes aux autres. Il vit que la gravitation ou attraction devoit être une de ces puiffances, la force projectile l'autre ; la route du mobile les lui indiquoit. L'examen métaphyfique de l'attraction lui fit concevoir qu'elle devoit être réciproque, en raifon directe des maffes, & en raifon inverfe du quarré de la diftance qui augmente. Si la terre attire la lune, la lune réciproquement attire la terre, mais avec une intenfité qui fuit le rapport des maffes. Si la lune eft le cinquantieme de la maffe terreftre, fon action ne fera que le cinquantieme de celle de la terre. C'eft ainfi que la terre attirant un petit corps, que l'on abandonne à fa furface, celui-ci attire auffi la terre, mais comme fa quantité de matiere eft infenfible relativement à la maffe terreftre, fon action eft infenfible & comme nulle, il ne refte que l'effet de l'attraction terreftre. Il vit que l'attraction devoit agir en raifon inverfe du quarré des diftances, c'eft-à-dire que l'attraction ayant un degré d'intenfité déterminé à une diftance donnée ; fon action eft quatre fois moindre à une diftance double, neuf fois moindre à une diftance triple, feize fois moindre à une diftance quadruple.

De la force de projection que la lune a reçue des mains de l'auteur de la nature, à l'inftant de fa création, combinée avec la tendance qu'elle a vers la terre, refulte la courbe qu'elle décrit autour de notre planete. En effet de l'action fimultanée de la force projectile, & de la force centrale, doit naître une diagonale entre les deux puiffances, qui foit le produit du premier tems, à la fin duquel les deux puiffances, différemment dirigées, doivent engendrer une feconde diagonale, qui au lieu d'être fur le prolongement de la premiere, lui fera inclinée. A la fin du fecond tems, par le nouveau changement de direction des puiffances, il fortira une troifieme diagonale inclinée à la feconde, ainfi de fuite, & de l'inclinaifon réguliere & fucceffive de toutes les petites diagonales, produit des différens inftans, réfultera la route circulaire que la lune décrit dans le ciel autour de nous. *Voyés la fig.* 19.

La lune circulant autour de la terre par un effet de fa gravitation fur cette planete, Newton conclut que la tendance vers le foleil devoit etre la caufe des révolutions que font toutes les planetes elles-mêmes autour de cet aftre : tandis que les mêmes principes animoient les fatellites de Jupiter & de Saturne autour de leur aftre central. La terre attire la lune ; Jupiter & Saturne attirent leurs fatellites : toutes les planetes font attirées par le foleil, tandis que s'attirant elles - memes mutuellement & réciproquement, elles réagiffent fur le foleil qui les maitrife par l'énormité de fa maffe.

Cette tendance des corps les uns vers les autres ne s'apperçoit point à la furface de la terre, parce que l'attraction que la maffe terreftre exerce fur chacun en particulier, brife l'effet de la tendance qu'ils ont les uns vers les autres.

La théorie de la gravitation que Newton annonça devoir décroître fuivant le quarré de la diftance qui augmente, il l'appliqua à la lune. Il vit l'effet de la pefanteur fur les corps à la furface de la terre, il chercha ce qu'elle étoit à la hauteur de la lune. Il trouva qu'à la furface de la terre, un corps abandonné à lui même tombe de 15 pieds par feconde. Par la théorie des proportions, l'arc que décrit la lune dans un tems donné étant connu, on connoit auffi la quantité dont elle defcend perpendiculairement dans le même tems, & il vit qu'un corps placé à la diftance de la lune defcendroit de 15 pieds par minute. Mais un corps qui à la furface de la terre parcourroit quinze pieds par feconde, fuivant les loix de l'accélération dans la chûte des corps, en parcourroit 54000 dans une minute, quantité 3600 fois plus grande que celle qui feroit parcourue dans le même tems à la hauteur de la lune. Venu aux diftances des corps qui tombent vers la fuperficie de la terre, & à la hauteur de la lune, il vit qu'elles étoient dans le rapport de 1. à 60. puifque la lune eft éloignée du centre de la terre de foixante demi-diamétres terreftres. Or les quarrés de ces diftances font exprimés par 1 & 3600. La pefanteur reconnue trois mille fix cens fois moindre à la hauteur de la lune, fuit donc la raifon inverfe du quarré des diftances. Les mêmes principes appliqués fucceffivement aux différentes planetes, & à tous les mouvemens célestes, l'ont été avec un égal succès. Les résultats ont confirmé la théorie de Newton, & la philosophie regarde aujourd'hui l'attraction comme l'ame, ou du moins comme un des principes moteurs de ce vaste univers.

La Terre est divisée en cinq zones, une dite torride, située entre les deux tropiques, deux tempérées comprises l'une entre le tropique du nord & le cercle polaire arctique, l'autre entre le tropique du sud & le cercle polaire antarctique : enfin deux zones glaciales comprises entre les cercles polaires & les pôles. La zone torride a quarante sept degrés de largeur, les zones tempérées en ont quarante trois, & les zones glaciales vingt-trois & demi.

Par rapport aux ombres, les habitans de la terre se divisent en hétérosciens, amphisciens, asciens, périsciens. On nomme hétérosciens ceux qui ont leurs ombres jetées vers les pôles opposés, tels sont les peuples qui habitent les zones tempérées dont les uns voyent leurs ombres constamment jetées vers le pôle arctique, les autres vers le pôle antarctique. Ceux-là sont dits amphisciens dont les ombres sont portées tantôt vers un pôle, tantôt vers l'autre, suivant que le soleil est à l'un ou l'autre tropique. Ces peuples font dans la zone torride. On nomme afciens les peuples qui deux fois dans l'année font fans ombre à midi, ce qui arrive aux habitans de la zone torride aux deux jours où le foleil paffe à plomb fur leur tête, l'un en allant du tropique du Cancer, au tropique du Capricorne, l'autre en revenant du tropique du Capricorne à celui du Cancer. On appelle enfin périfciens ceux qui voient leur ombre tourner autour d'eux, tels font les peuples qui vivent au-delà des cercles polaires, qui pendant un tems plus ou moins long, voient circuler le foleil autour de leur horifon.

Relativement aux degrés de longitude & de latitude, on divife les peuples de la terre en pérïœciens, antœciens, & antipodes. Les périœciens font ceux qui font dans le même hémifphère, qui ont même latitude, & qui différent de 180 degrés de longitude : les faifons font les mêmes pour ces peuples, mais quand les uns ont midi, les autres ont minuit. Tels font les habitans de Samarcande dans la Tartarie, & de Santa-Fé dans le nouveau Mexique. Les antœciens font ceux qui font dans des hémifphères différens, qui ont même longitude & même latitude, l'une feptentrionale, l'autre méridionale. Les heures font les mêmes pour ces peuples : ils ont midi

& minuit en même tems , mais ils ont les
faifons oppofées , quand les uns ont l'été ,
les autres ont l'hiver , & réciproquement.
Antipodes font ceux qui habitent dans des
hémifphères différens , qui ont même latitude l'une feptentrionale , l'autre méridionale , & qui diffèrent de 180 degrés
de longitude , tels font les habitans du
Portugal & ceux de la nouvelle Zélande.
Ces hommes qui ont les pieds oppofés
reftent les uns & les autres attachés à la
furface du globe par une fuite de la tendance qu'ont tous les corps au centre de
la terre. Les Portugais ne peuvent point
dire que leurs antipodes font renverfés ,
qu'ils ont la tête en bas & les pieds en
haut ; en effet , il n'y a qu'à définir : être
droit c'eft avoir la tête vers le ciel , les
pieds vers la terre , les habitans de la nouvelle Zemble qui ont , ainfi que tous les
peuples , cette difpofition , font donc droits.
Ils ne peuvent point s'en aller dans les
efpaces étherés comme fe le figurent d'a-
bord ceux qui ne font pas accoutumés à
refléchir : ils ne tomberoient point , ils
monteroient , puifque monter c'eft s'éloigner du centre de la terre pour s'approcher du ciel. Leur propre poids les feroit
donc monter , ce qui eft une abfurdité.
C'eft ainfi qu'un boulet de canon aban-

donné à lui-même dans une excavation qui traverseroit diamétralement la terre & de part en part, après plusieurs balancemens, suite de l'accéleration de sa vitesse dans sa chûte, se fixeroit définitivement au centre, où l'immobilité & le repos deviendroient son partage, sans qu'il eut aucun appui.

OPÉRATIONS DU GLOBE.

I.

Trouver la longitude, & la latitude d'un lieu, celles par exemple d'Amsterdam.

Amenés cette ville sous le méridien : l'arc compris entre le lieu qu'elle occupe & l'équateur, est sa latitude, & l'arc de l'équateur compris entre le premier méridien & celui d'Amsterdam, en indiquera la longitude.

II.

Monter le globe horisontalement pour un lieu comme Paris.

Cherchés la latitude de Paris, élevés le pôle sur l'horison d'un même nombre de degrés ; le globe sera monté horisontalement pour cette ville. S'il étoit question

d'un lieu qui fut dans l'hémisphère méridional comme le cap de Bonne-Espérance ,
il faudroit mettre le pôle antarctique au-
deſſus de l'horiſon.

III.

*Trouver le lieu du ſoleil un jour pro-
poſé, par exemple le 26 Juillet.*

Voyés ſur l'horiſon, où ſont marqués
les mois, quel ſigne & quel degré de ce
ſigne répond au 26 de Juillet , cherchés
ce même degré dans l'écliptique, ce ſera le
lieu du ſoleil pour le jour propoſé.

IV.

*Connoitre l'heure à laquelle le ſoleil ſe
lève , & celle à laquelle il ſe couche un
jour propoſé par exemple le 1ʳ. de Mai.*

Montés le globe horiſontalement pour
la ville où vous opérés, cherchés le lieu
du ſoleil le 1ʳ. de Mai, amenés ce point
ſous le méridien, mettés l'aiguille du cercle horaire ſur midi , tournés le globe
vers l'orient juſqu'à-ce que le degré de
l'écliptique où eſt le ſoleil ne coupe l'horiſon, l'aiguille marquera l'heure de ſon
lever. Ramenés le même point ſous le
méridien , faites tourner le globe du côté
de l'occident juſqu'à-ce que le 9ᵉ. degré
du Taureau que vous aurés trouvé ne

rencontre l'horifon, l'aiguille vous indiquera le coucher du foleil.

La raifon de cette opération eft, que l'aiguille décrit fur le cercle horaire des arcs proportionnels à ceux que décrivent chacun des points de la fphére. Si donc, par la difpofition de l'horifon & des paralleles, le point où eft le foleil a la moitié ou les deux tiers de fa révolution au-deffus de l'horifon, l'aiguille dans le même intervalle décrira la moitié ou les deux tiers du cercle horaire & indiquera un jour de douze heures ou de feize heures, en marquant le lever du foleil à fix heures, & fon coucher à pareille heure, ou fon lever à quatre heures & fon coucher à huit.

V.

Trouver le climat d'heures d'un lieu propofé, celui par exemple de Peterf-bourg.

Trouvés fon plus long jour en déterminant à quelle heure le foleil fe lève pour cette ville, à quelle heure il fe couche, lors qu'il eft au tropique nord : voyés de combien ce jour furpaffe en longueur celui de l'équateur qui eft de douze heures, le nombre des demi-heures de différence que vous aurés trouvé, déterminera celui des

climats. Si le grand jour par exemple de
Saint-Pétersbourg eſt de dix-neuf heures,
vous conclurés que cette ville eſt ſous le
quatorzieme climat.

VI.

*Trouver le climat de mois d'un lieu,
qui ne peut être qu'au-delà du cercle
polaire.*

Par la révolution du globe que vous
aurés monté horiſontalement, voyés le
nombre des ſignes & des degrés de l'écliptique qui font leurs révolutions ſans ſe
plonger ſous l'horiſon, ils vous indique-
ront l'eſpace de tems que le ſoleil reſtera
ſur l'horiſon de ce lieu, ſans ſe coucher,
& vous en conclurés le climat de mois où
il ſe trouve.

Que ce lieu par exemple ſoit au 78e. degré de latitude, toute la partie de l'écliptique compriſe entre le premier degré du
Taureau, & le dernier du Lion, circulera
ſans entrer ſous l'horiſon : mais cette portion contient quatre ſignes entiers que le
ſoleil employe quatre mois à parcourir.
Le lieu en queſtion ſera donc à la fin du
quatrieme climat de mois.

N. B. On trouveroit le climat de tous
les pays du globe en les amenant ſous le
méridien où ſont marqués les climats; &

connoiſſant celui auxquels ces lieux cor-
reſpondent on connoîtra auſſi leur plus
long jour : car ſi le lieu eſt entre l'équateur
& le cercle polaire, autant de climats,
autant de demi-heures au-deſſus du jour
de l'équateur qui eſt de douze heures. Eſt-
il entre le cercle polaire & le pôle, autant
de climats, autant il y aura de mois pour
la longueur du jour.

VII.

Trouver le jour auquel le ſoleil paſſe
perpendiculairement ſur un lieu. Ce
lieu ne peut - être que dans la zone
torride.

Sachés la latitude de la ville dont il
s'agit, que nous ſuppoſons être Pondichéri
ſituée par le douzieme degré de latitude
ſeptentrionale. Tournés le globe, & voyés
quels degrés de l'écliptique paſſent ſous
cette latitude, vous trouverés que c'eſt le
2ᵉ. degré du Taureau, & le 28ᵉ. du Lion
qui répondent, ainſi que vous le verrés
ſur l'horiſon, aux 21ᵉ. du mois d'Avril,
& 23ᵉ. du mois d'Août. Ce ſont les jours
auxquels le ſoleil paſſera perpendiculairement ſur la tête des habitans de Pondichéri.

VIII.

Connoître l'heure qu'il est dans un endroit, quand il est midi dans un autre ? Quelle heure il est à Vienne en Autriche quand il est midi à Paris.

Mettés Paris sous le méridien, l'aiguille du cercle horaire sur midi : tournés le globe jusqu'à-ce que Vienne arrive sous le méridien. L'aiguille marquera 1 heure après midi. La raison de cette opération est que si une ville est plus orientale qu'une autre de quinze degrés, par exemple, ou d'une vingt-quatrieme partie du globe, lorsqu'à son tour on l'amènera sous le méridien par la révolution du globe, l'aiguille horaire fera aussi une vingt-quatrieme partie de sa révolution, & avancera d'une heure, différence des tems entre les deux villes proposées. S'il eut été question d'une ville plus occidentale que Paris, comme Lisbonne, il eut fallu tourner le globe du côté de l'orient & l'aiguille vous eut indiqué qu'il n'est qu'onze heures un quart du matin à Lisbonne, lorsqu'il est midi à Paris.

La même opération vous apprendra qu'il est déja sept heures & demie du soir à Pekin capitale de la Chine, lorsqu'il est midi à Paris.

I X.

Connoître l'heure qu'il est dans un endroit, à toute autre heure que midi ? Quelle heure, par exemple, il est à Varsovie lorsqu'il est neuf heures du matin à Paris.

En mettant Paris sous le méridien, l'aiguille horaire sur neuf heures, tournant ensuite le globe jusqu'à-ce que Varsovie ne se trouve à son tour sous le méridien, vous saurés qu'il est alors dix heures un quart à Varsovie.

X.

Trouver les antipodes d'un lieu.

Connoissés la latitude de ce lieu : prenés une latitude égale dans l'hémisphère opposé & sous l'autre demi - méridien, vous aurés le point antipode du lieu proposé.

X I.

Trouver la hauteur du soleil sur l'horison, aux équinoxes, aux solstices, & même chaque jour de l'année.

Montés le globe horisontalement pour le lieu où vous êtes, l'arc du méridien intercepté entre l'équateur & l'horison, si on est aux équinoxes ; l'arc compris entre le tropique nord ou le tropique fud & l'horifon, fuivant que l'on fera au folf-tice d'été, ou à celui d'hiver; vous indi-quera la hauteur du foleil fur l'horifon à midi. Vous la connoîtrés auffi pour tous les jours de l'année en amenant fous le méridien le degré de l'écliptique où fe trouve le foleil au jour propofé.

F I N.

Fin de la Table.

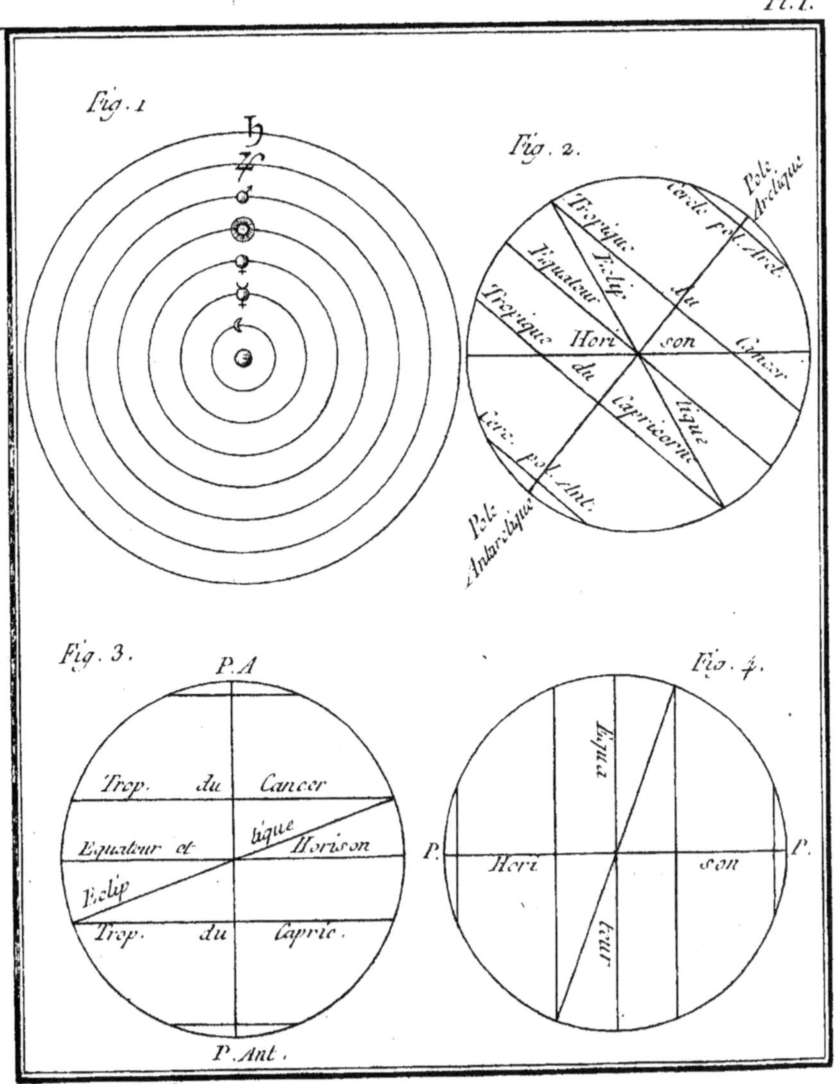

de la Gardette Sculp.

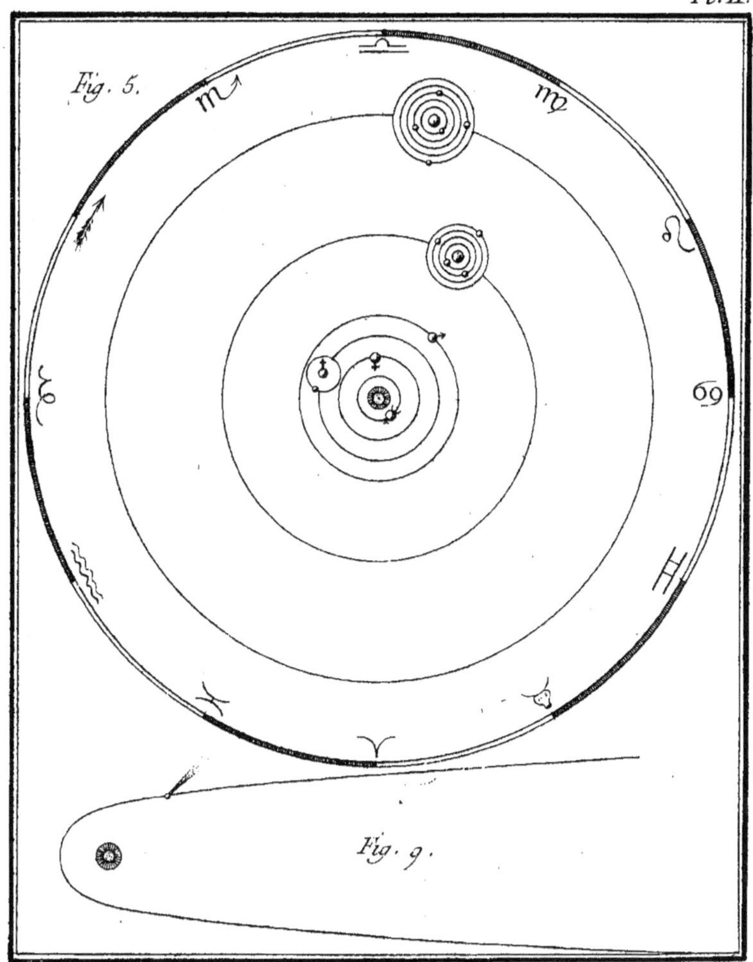

de la Gardette Sculp.

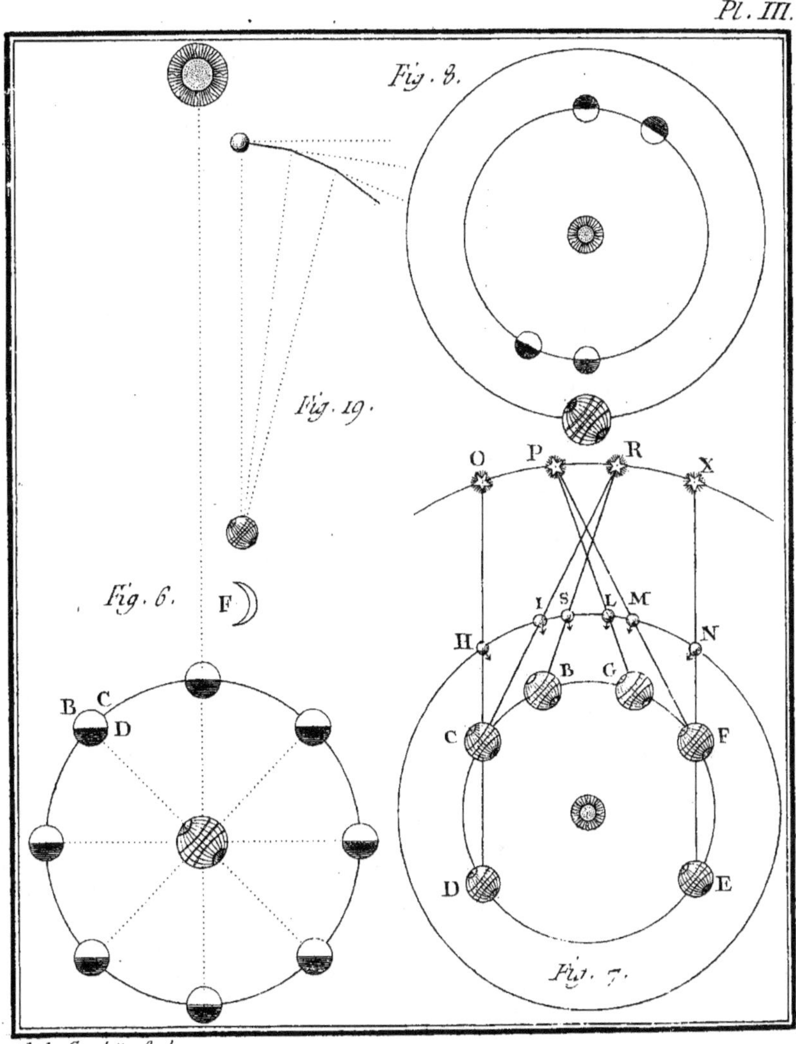

de la Gardette Sculp.

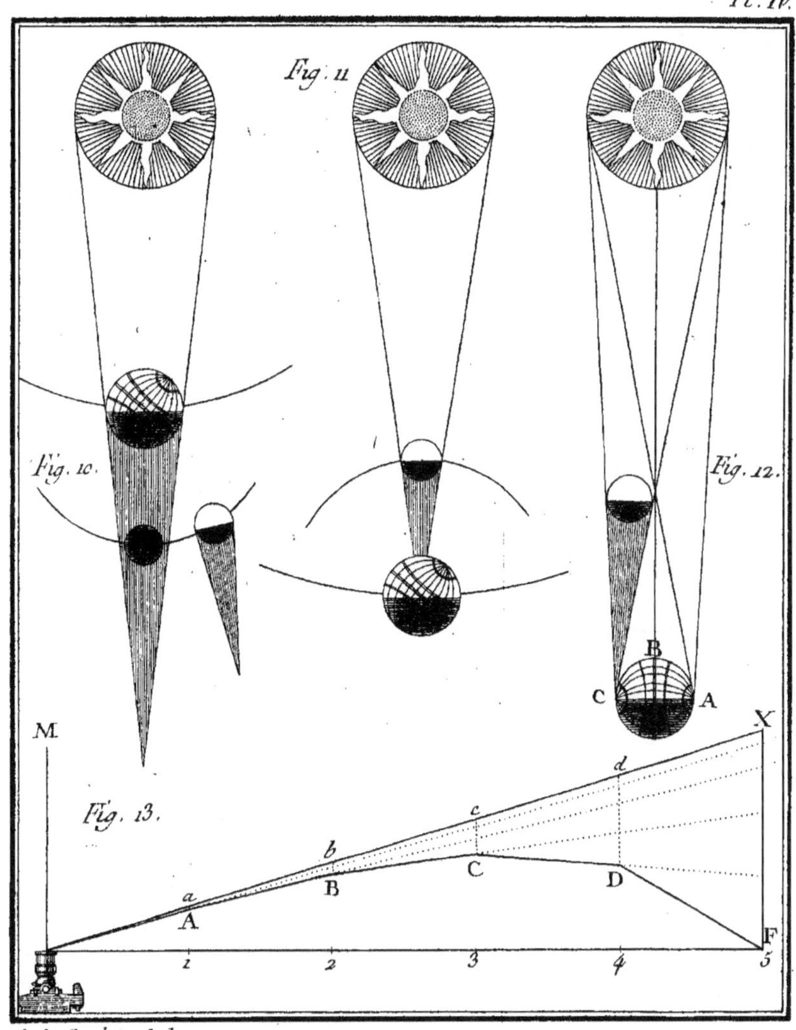

de la Gardette Sculp.

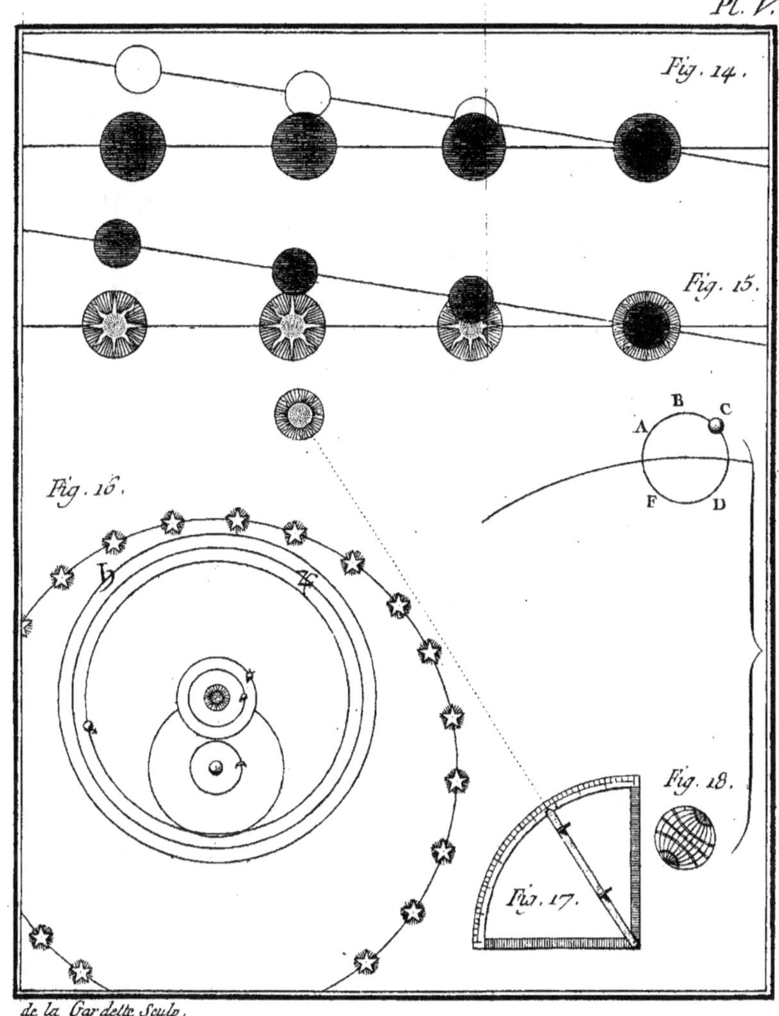

de la Gardette Sculp.

www.ingramcontent.com/pod-product-compliance
Lightning Source LLC
LaVergne TN
LVHW021453170726
843501LV00005B/1641